地理的未來

太空如何成為地緣政治的新戰場

提姆·馬歇爾——著

林瑞——譯

目次

導讀

太空競爭的一小步，強權爭奪的一大步

邱師儀（東海大學政治系教授）

當一九六九年七月二十日阿姆斯壯（Neil Armstrong）在阿波羅十一號任務中成為人類史上第一位踏上月球的人時，地球上最緊張、最激動的地方，莫過於德州休士頓的NASA任務控制中心（Mission Control Center）。當晚十點五十六分，阿姆斯壯踏出登月小艇「老鷹號」（Eagle）的艙門，站上月球表面，並說出了歷史性的話：「這是我的一小步，卻是人類的一大步。」

二〇一六年八月六日，筆者有幸在這個任務控制中心的玻璃帷幕後的觀景區，感受當時控制中心裡的興奮之情。而這個觀景區正是當年供NASA官員、VIP賓客與記者使用的區域。最令人印象深刻的是CapCom〔全名為：指令艙宇航通信員（Capsule Communicator）〕的角色，這是唯一被允許直接與太空人對話的人。當時的CapCom是杜克（Charlie Duke），當阿姆斯壯回報「The Eagle has landed」時，就是由CapCom來回應。對於研究與太空有關的自然科學家來說，阿姆斯壯登月是劃時代的科學突破，但對於研究國際關係的政治學者來說，阿姆斯壯登月卻是美蘇冷戰期間太空競賽正式由美國拔下頭籌的分水嶺。作者在本書中寫得很清楚，蘇聯比美國更早將人造衛星升空（一九五七年），甚至蘇聯也先把人類送上太空（一九六一年）。然後，終於在一九六八年十二月，美國逆轉勝，狠狠超車蘇聯，阿波羅八號載著三名美國太空人首先完成繞月，最後成就了一九六九年阿姆斯壯的登月壯舉。

太空的戰略位置

不過到頭來，對讀政治的人來說，太空實在太遙遠，但也因為尚未認知到太空的無限可能，政治學家才會局限於地球上的有限土地與各國因有限資源而互相競爭與開戰的現象。只懂得地緣政治很重要、老是談窒息點（choke point）、包括蘇伊士運河與荷姆茲海峽的政治學家，怎麼能不瞭解「天體政治」其實就是下一個世代的地緣政治？而且太空也沒有想像中的遠，海平面往上一百公里處叫做卡門線，也就是太空的起點。如果車子可以向天空一直開，六十分鐘後就會抵達卡門線。

卡門線之上存在著太多人類活動的稀有資源。從距離地表二百公里開始的「低地球軌道」，作為通信衛星的存在空間；與距離地表二千公里處及以上的「中地球軌道」，作為提供人類導航服務衛星的空間；再到距離地表三萬五千七百八十六公里的「高地球軌道」，作為軍事衛星、電視、電台與氣象衛星的容身之處。每一個位階的軌道都有當今美、中、俄等世界強權競逐的痕跡。而這一本書，很清楚且鉅細靡遺的點出這些強國在太空中的爭執點。而關心人類歷史、政治、經濟、社會發展的文組人，若能好好讀完這本書，就可以很清楚地知道天體政治如何讓美、中或俄國成為下一個世代的地球強權，也可了解這個未來的強權將掌握天體政治哪個關鍵的位置與技術。

台灣處於被太空競賽影響的第一線

身為台灣讀者，其實我們最迫切想知道的是，在二〇二五年的今天，這些美中俄之間的太空競賽對於台灣的影響為何？誠然，在本書第八章，作者點名美俄中三個太空強權之外的其他中小型國家，包括義、德、法、英、日、澳、阿聯、伊朗、以色列、印度與南北韓，甚至非洲國家。這些國家都有各自的太空計畫，不管這些計畫是先進還是不成熟，各國都有自己的太空盤算。本書作者點兵點將，書寫全面而且詳細，可讀性極高。

但台灣是在這本書中未被提到其太空計畫的國家，只說到亞太地區可能會因為中國—台灣議題而引發嚴重的太空衝突。尤其是今日美軍若因為台灣議題與共軍起了衝突，其戰力則完全依賴太空支援，這些能力包括飛彈導向、情報與跟監等。所以美中開戰前共軍若可癱瘓美國的太空支援，那麼共軍拒止美軍於第一島鏈甚至第二島鏈之外的勝算就會大為增加。作者甚至設定在二〇三〇年五月二日中國衛星迫近美國衛星，進而「打瞎了」美國衛星的假想情況，最後導致兩萬名共軍傘兵空降金門。在台海戰爭一觸即發之際，美軍雖未正式參與台灣本島的防衛，但仍及時出手，以雷射武器將中國衛星擊成碎片，成功地挫敗其行動。雖然這只是一個假想情況，但對於台灣讀者來說，絕對是一個連「演成一部電影」都可以感受到壓力的沉重夢魘。

我們來實際看看台灣如何在這場太空爭霸中生存下來。台灣的飛彈系統是有效嚇阻中共渡海攻台的關鍵利器，包括攻擊型與防禦型飛彈。攻擊型飛彈有雄二、雄三、雄二E與雲峰，雄二與雄三是反艦飛彈，可以對付中共航母與兩棲艦隊；而雄二E與雲峰都是巡弋飛彈，類似美國戰斧，具精準打擊對岸基地的能力。防禦型則包括天弓一、二與三型飛彈，還有愛國者三型飛彈，這些都可以攔截共機與來自對岸的巡弋飛彈。這些台灣飛彈都得依賴衛星才能運作，巡弋飛彈以GPS為核心，若GPS被干擾，則飛彈命中率將大幅下降；反艦飛彈若要在長距離精準打擊，也需要衛星座標來支援。此外，情報蒐集也需要透過衛星。現在的問題是，儘管台灣從一九九九年起有「福爾摩沙衛星計畫」，已發射氣象、光學、科學實驗等衛星，但目前尚無自主的、具有軍事用途的、由國防體系主導發射的軍事衛星，因此台灣的飛彈系統非常依賴於美國在低與中地球軌道衛星追蹤的能力。換言之，如果共軍攻台，中共先癱瘓了美軍的軍事衛星，就等於癱瘓了台灣的飛彈系統。這正是本書作者在二〇三〇年五月二日所假想的台海衝突情況。

所幸解放軍即使以反衛星手段「打瞎了」部分美國衛星，台灣飛彈部隊並非完全失能，例如把美軍「戰斧」巡弋飛彈用的那套備援導航系統搬過來，也就是飛彈自己用雷達量高度、對照內建的地形地圖來認路，還會比對目標區的照片；就算GPS全部被干擾，飛彈命中的誤差還是可以控制在三十公尺以內，大概就是一個籃球場的範圍。又譬如給飛彈安裝一顆「多合一」的衛星導航天線，它不只吃得到美國的軍用GPS，也同時能抓歐洲Galileo的加密訊號和日本QZSS衛星。三條管線一起用，哪怕其中一條被干擾，另外兩條還能撐得住，如此一來導航就不會整個掛點。

太空垃圾的戰略功能

另外，書中提及目前在繞地軌道中，直徑超過十公分、約柚子大小的垃圾有兩萬三千多件，而直徑為一到十公分的垃圾也有五十萬件。整體而言，超過一毫米的太空垃圾約有一億件。這些太空垃圾雖很小，但它們的運轉速度為時速兩萬五千公里，以一個一公分大小高速飛行的碎片而言，撞上太空人或太空船威力就像是被一台汽車以四十公里時速衝撞。事實上，中共從二〇〇七年就以動能攔截彈摧毀自家的「風雲1C」氣象衛星，製造了三千片以上的太空垃圾，至今仍有超過兩千塊碎片停留在距離地表約八百五十公里的軌道上，對所有位於低地球軌道的衛星構成威脅。當年，這一事件也被美軍視為太空作戰的開端。此外，二〇二〇年共軍的長征5B火箭在發射後就任它在太空中繞行，幾天後失控掉回地球，就可能砸到世界任何地方。中國這種作法被批評為「打著民用發射的旗號，卻把砸到人或製造更多碎片的風險丟給全世界」。二〇二四年，共軍發射的長征6A火箭也出現了對太空垃圾置之不理的問題。

從戰略上來看，共軍有可能是故意的。美軍依賴龐大的低地球軌道衛星（預警、通訊、導航），因此當美中因為台灣而起衝突時，共軍就有可能把目標衛星與不相干的衛星全部扯進由太空垃圾所形成的碎片雲當中，讓美軍只能縮減軌道活動，不然就要付出更高的成本來閃躲這些行動垃圾。此外，北京可以派一種叫Shijian 21的「太空拖板車」飛到美國的Starlink或SBIRS衛星旁邊，嘴巴說是幫忙「清理廢棄衛星」，實際上卻把人家的衛星偷偷推離正確軌道，甚至拖到「墳場軌道」丟掉。這招不用炸掉目標，也不會製造新碎片，但對方的衛星一樣會報廢。整個過程沒爆炸也沒有殘骸，很難立刻查出是誰搞的，因此北京可以在灰色地帶動手腳而不易被追究。

最後，書中提到有「中國航太之父」之稱的錢學森，他出生於一九一一年，死於二〇〇九年。錢學森不僅是麻省理工學院博士，也曾在美國主導噴射推進實驗室（Jet Propulsion Laboratory），為美國早期的太空計畫設計導彈並奠定基礎。但後來錢學森在一九五〇年代因為麥卡錫主義被懷疑是共諜而被軟禁，美方最終在一九五五年將他驅逐出境。他返回中國後主導中國火箭與飛彈建設，包括東風、長征系列，錢最終成為中國人造衛星、洲際飛彈與太空計畫的靈魂人物。書中認為美國當年誤把錢學森當成間諜，結果「送了整套火箭系統給中國」。對比於「川普2.0」時期大力整頓、並被川粉指控為「中共黨校」的哈佛大學，這些美國菁英大學是否真的培育了「共諜」尚不得而知；但極右翼的華府人士，從一九五〇年代起，就不遺餘力地對抗這些頂尖學府中的「左膠」勢力。

科技強大的美國，尤其是在太空發展仍舊領先中俄的情形下，希望不會因為川普兩任總統期間的意識形態鬥爭，而排擠掉更多太空研究的人才。因為這些外來人才，才能讓美國繼續偉大。《地理的未來》可以切入的角度實在很多，自然或人文學科不同背景的讀者，只要能細細品味，必能看到太空中的不同風景。

前言

「我還沒去過所有地方，但它們都在我的旅程單上。」

——蘇珊・桑塔格（Susan Sontag）

我們探討整個地球，發現它並非無窮。現在，正當我們的疆域與資源越來越緊縮時，我們發現高掛空中那個美麗的大球——月球——滿載我們需求的礦物與元素。月球還是一座發射台：就像早期人類飄洋過海，從一個島進入另一個島一樣，我們也可以跨過月球，飛向太陽系與外太空。因此，一場「勝者為王，贏家全拿」的新太空競賽展開了，也就不足為奇。難就難在我們得讓人類成為贏家。

早在人類誕生之初，太空就塑造著人的生活。天空說明人類早期創造故事，影響我們的文化，鼓舞我們的科學進展。但我們對天空的觀點正不斷改變。相較過去任何時代，今天的天空更像是地球地理的延伸：人類正將我們的國家、我們的公司、我們的歷史、政治與衝突推上高空。而且這還會造成地球表面人類生活的革命性變化。

太空為我們的日常生活帶來很大變化。它是通信、經濟與軍事戰略的重心，對國際關係也越來越重要。現在它更是最新的人類激烈競爭競技場。

太空成為一處巨型二十一世紀地緣政治競技場的跡象已累積了好一陣子。近年來，我們在月球上找到稀有金屬與水；伊隆・馬斯克（Elon Musk）的「太空探索技術公司」（SpaceX）等私營公司大幅降低了衝出大氣層的成本；一些大國也紛紛從地面發射飛彈，擊毀自己的人造衛星以測試新武器。所有這一切都是正在上演的一齣大戲的小節。

想了解這齣大戲，不妨將太空視為一個地理位置：它有適合旅行的走廊，有蘊藏關鍵性天然資源的區域，有可以構築的土地，還有必須避開的風險。幾十年來，所有這一切被視為人類共同資產——沒有一個主權國能自行開發任何這類資產、將任何這類資產據為己有。只不過寫在幾份高貴、但過時老舊、沒有強制力的文件中的這種理念，早已殘破不堪。全球各國無不想方設法、盡可能剝奪這種「共同資產」。在整個有記錄的歷史中，有幸能夠利用天然資源的文明總能研發科技，讓自己越來越強，最後支配其他文明。

但事情並非一定得如此。我們有許多太空合作的例子，許多已問世的太空相關科技，例如醫藥與乾淨能源科技，能幫助我們每一個人。幾個國家正在研究如何讓巨型殞石轉向，以免它們撞擊、毀滅地球之道——不過並沒有因此佔用更多共同資產。科幻小說作家萊利・尼文（Larry Niven）說得好，「恐龍所以滅絕，只因為牠們沒有太空計畫。」如果地球再遭類似巨變，後果將難以想像。

我們今天這個世界可是經歷很長時間演化而來。根據「大爆炸」（Big Bang）理論，一百三十八億年前——或多或少差距不過數千年——今天存在宇宙間的每一個東西都被壓縮成一個無限小的小粒子，存在於「虛無」（nothingness）中。有些與宇宙有關的概念能讓人想到暈頭轉向，而「虛無」就是這樣一個科學家們始終爭議不休的概念。他們提出所謂「量子真空」（quantum vacuums）論，認為出現在太空的漣漪能爆出實體，但在將這個理論反覆研讀多遍之後，我仍然一頭霧水，不懂它說些什麼。宇宙正在擴大——但擴大成什麼呢？它的現有疆界之外又是些什麼？我完全沒有任何頭緒。一道沒有止境的灰牆（也可說是淺褐色的牆）可以講得通，但一秒鐘就破功了，因為，當然，灰色也是一種東西，不是「虛無」……之後我放棄了。還好理論物理學者與宇宙學者都是狠角色，不然非得發瘋不可。

這個小粒子從「虛無」而爆炸——不過當它用了大約三十八萬年時間產生第一批光粒子時，或許情況不像我們想像中「大霹靂」那樣聲勢驚人而已。這就是「宇宙微波背景」（cosmic microwave background）。科學家可以用現代太空望遠鏡看穿這種背景——幾乎可以一路回溯，看到最古老的光。當你用老式類比電視轉台時，在頻道轉換剎那間看見的靜電干擾模糊現象就是它。宇宙擴大，然後冷卻，重力造成氣體雲凝固，結成星球。

現在已知我們的太陽於大約四十六億年前凝固成形——相對而言在宇宙中算是較新的星體。氣體與較重碎礫結成一團巨型圓盤，繞著這顆新星體運轉，甩出一個個岩球，於是形成我們太陽系的行星與它們的月球。

地球是從太陽甩出來的第三個岩球。這可是一處洞天寶地。事實上，就目前而言，它是唯一一處洞天寶地，因為如果它的位置稍有偏差，這世上不會有我們。宇宙萬物在「大爆炸」以後的發展，塑造了我們今天所見的地理，讓我們演化成今天的我們。地球是眾星之中恰到好處的「金髮女」（Goldilocks）。不太熱，不太冷——正好適合生命成長。地球的位置、大小與大氣，都是我們得以立足的重要因素。這麼說一點也不誇張。它的大小意味引力足夠強大，可以吸附大氣。一旦脫離大氣，沒了可以呼吸的空氣，我們要不熱死，要不凍死，要不窒息而死。

美國著名宇宙學家卡爾・沙根（Carl Sagan）在他的《億億萬萬》（*Billions and Billions*）一書中寫道，「許多太空人都曾說，當陽光照亮半球時，他們在地平線上看到一道代表整個大氣厚度、纖細而單薄的藍色光環，讓他們不由自主，為大氣層的脆弱憂心忡忡。他們的憂心很有道理。」你會以為既然這樣，我們一定會開始好好照顧我們的大氣層。

但人類一直是愛流浪的動物，而且百年來還開始遠離我們的星球，展開太空探索。在太空這張龐大的畫布上，我們只不過在一處微不足道的小角落刷著存在而已。無窮無盡的蒼穹等著我們——等著我們一起探討。我們如果想以和平而合作的方式邁向下一個太空時代，就得了解太空的歷史、政治與軍事背景；就得掌握太空如何塑造我們的過去與現在——以及它對我們今後前途的意義。

在以下篇章中，我們將回顧太空如何影響我們的文化與理念，如何引領我們，從大體以宗教為核心而建立的社會一路發展到科學革命。之後，冷戰引發「太空競賽」——促成科研努力與創新大躍進，終於使我們掙脫大氣束縛，進入太空。一旦進了太空，我們開始看到機會、資源與值得競逐的戰略點。現在我們已進入所謂「天體政治」（astropolitics）新紀元。但直到目前為止，我們還拿不出一套規範這種太空競賽的規則；若不能訂定一套公定法律以治理人類在太空的活動，出現天文等級的大衝突只是遲早的事。

在今天這個時代，我們需要知道的主要角逐對手有三個：中國、美國與俄國。這是三個獨立航太大國，它們選擇的道路會影響全人類。這三個國家的軍方都設有「太空軍」，為本國陸、海、空軍提供作戰能力。三國都有提供這種戰力的衛星，也都在加強這些衛星的攻擊與防禦力。其他國家知道它們不能與這「三巨頭」競爭，但它們仍然想方設法，要在哪些可以升空、哪些得下來的事情上擁有發言權；這些國家正在評估它們的選項，準備在「太空集團」選邊站。如果我們找不出讓全球各國統一、朝前邁進的辦法，新太空競技場的競爭與衝突將在所難免。

最後，我們要展望未來，探討太空——在月球、火星，以及更遠深處——能為我們帶來什麼。月牽引海潮拍岸，也吸引人類登月。面對高懸夜空、銀光如水的明月，野狼引頸長嘯。但是當人類仰頭觀月，眼中看到的是未來，是無窮無盡的未知。我們一直嚮往太空，現在我們準備啟程了。

第一部
通往星際之路

PART 1 THE PATH TO THE STARS

第一章　仰望星空

「將我們的注意力完全放在地球上的事物，便是在限制人類的精神。」

——史蒂芬・霍金（Stephen Hawking）

夜晚閃爍的星光講述許多故事。早在我們夢想太空探險、早在人造燈光讓夜空之美大為遜色以前很久，我們仰望星空，忍不住問道——為什麼天空其實不空，有那麼多星星？人類的許多努力，正是源自這種探索星際的渴望。

有記錄、最早有關造物主、諸神與星座的信仰，一定可以回溯到史前口述故事的傳統。所有古文化都在仰望星空時，尋找誰可能創造了他們、他們是誰、他們的角色是什麼、以及他們應該如何表現等問題的答案。如果有神——當然有神，否則怎麼解釋眼前這一切總總——則認為一些神生活在天上的想法自然合情合理。

人類生來喜歡觀察事情，喜歡尋找模式軌跡。世人會將自己在地上耳濡目染、所見所聞湊在一起，描繪成一幅畫。生活在熱帶的人可能說自己看到蠍或獅子，生活在寒帶的人會畫出一頭麋鹿。在

我們的太陽系（圖片來源：Wikimedia Commons）

芬蘭，北極光又叫「狐狸火」，因為根據當地古老傳說，一隻有法術的狐狸用尾巴將雪掃入空中，形成北極光。而根據非洲部分地區的傳說，太陽躲在夜空之後，透過許多小孔放光，於是形成星光。星星與我們的故事、神話與傳說總有不解之緣。

人們分析、了解天空而留下最古老的證據，可以回溯到三萬年前，上一個「冰河期」結束時。一九六〇年代初，史前史家亞歷山大．馬夏克（Alexander Marshack）認為，刻在獸骨上的刻痕是史前人類製作的月曆。這些獸骨上依序排列二十八與二十九個點。舊石器時代晚期的人究竟知道些什麼，至今仍是專家們爭論不休的議題，但眾多證據顯示當時的人早已在研究星象。

科學家猜測，這些古早的天文學者在長途跋涉的狩獵之旅與遷徙過程中，用這些刻在獸骨上的刻痕當活動曆，或許還用它們進行儀式。合情合理的推斷，當時的人已找出一套計時辦法。例如，你得知道蚊蟲肆虐的季節何時展開，什麼時候樹上果子成熟、可以摘取等等。

大約一萬兩千年前，狩獵—採集的遊獵生活方式開始逐漸定居化，觀察天空的實用意義也更加重要。最早期的農民與牧民需要知道什麼時候播種，播種之後多久可以收成。根據判斷，在歐洲發現的一些一萬多年前的新石器時代壁畫，畫的是星象。這類說法仍有爭議，但在一些以動物為主題的壁畫中，星座圖案依稀可見。就算他們還沒發現三百六十五晝夜等於一個時間週期，那些把握每一個清朗夜晚觀星的人一定注意到星光會在不同時間出現在不同位置。

直到這一刻的人類，還沒能留下精準衡量星體動象的證據。甚至將時間拉到「石環」（stone circles）初期，有關證據還十分捕風捉影。

最古早的石環出現在今天的埃及「努比亞」（Nabta Playa）。有時人們也稱它是撒哈拉（Sahara）的「巨石陣」（Stonehenge）。這說法有些不公平，因為「努比亞」的建造日期約為七千年前，比世上最著名的「巨石陣」石環還早了約兩千年。所以有此說，是因為「努比亞」遺址直到一九七〇年代才發現，到一九九〇年代才完全出土。有人認為，打造「努比亞」石環的是半遊牧民族，目的在讓他們知道什麼時候應該出行。有證據顯示，「努比亞」石環對準夜空中最亮的「天狼星」（Sirius）這類關鍵性星球排列。還有一些更匪夷所思的說法，說「努比亞」石環能測量與天狼星等等的距離，不過很難找到佐證這類說法的證據，主要原因是，根據專家說法，根本沒有這類證據。

巨石陣與西北歐出現的其他許多石環情形也一樣。巨石陣建於約五千年前，當時農耕成為當地一種生活方式已長達千年。有關巨石陣陣勢排列對正夏至與冬至的說法應該可以採信，但除此而外，任何其他牽扯到天文的說法都過於穿鑿附會。由於距離巨石陣三公里的一處屯墾區發現三萬八千根棄置的動物骨骸，許多人認為德魯伊人（Druids）建了巨石陣，在附近舉行祭天盛宴。唉！問題是德魯伊人不可能出席這類盛宴，因為他們直到約兩千年後才出現在英國。今天許多人穿上白袍，裝扮成德魯伊祭司模樣，帶著棍子來到巨石陣，意欲重演當日勝景。他們若聽說這個事實一定非常失望。

直到將時間拉到約三千年前，我們才開始找到書面證據，證明人類已經能對天體進行高精密度分析，而且有了準確預估天體運動的能力。文字與數學是造成這種突破的關鍵。

西元前一千八百年左右，巴比倫人（Babylonians）承繼祖先蘇美人（Sumerians）的習俗，根據觀察到的星象寫下「黃道十二宮」星座圖。他們一直相信諸神會從天上示警，告訴他們什麼時候會發生饑荒這類事件。祭司們學會在泥板上記錄星體動態，還設計了一種能標示十二個月圓月缺的曆法。不過這是相對而言簡單的部分。經過世代相傳的數據累積，在運用新發明的數學後，他們發現星球運轉軌跡並非經年不變，只要觀察時間夠長就能發現，星球運轉有其週而復始的一定軌跡。他們因此可以算出一個星球在未來一個特定時間點上會出現在天體哪一個位置。

大體而言，直到巴比倫時代，我們才將時間分成每七天一個星期。巴比倫人發現七個星體，認為每個星體負責監控一個特定日子，於是將月球運轉一週期的二十八天分成四個部分。在這個時候，埃及人使用一套十天一期的劃分法，如果這套劃分法延用到今天，我們每週得工作十天，而不是七天。那麼週休二日又是怎麼回事？是這樣的，巴比倫人確實設計了每週休息一天的作法，但我們所以知道既然上帝要在第七天休息，我們也該在這天休息，還得感謝希伯來人（Hebrews）。後來，不論上帝要不要，靠著工會爭取，我們才又多了一天假日。

希臘人師事巴比倫人好幾百年，出了許多傑出人才，畢達哥拉斯（Pythagoras）是其中一位。西元前五百五十年，畢達哥拉斯發現，當時人們所謂「晨星」與「晚星」其實是一回事——都是「金星」（Venus）。畢達哥拉斯等人之後運用幾何學與三角學原理解答宇宙問題，陸續有突破性進展。

希帕洽斯（Hipparchus）發明「星盤」（astrolabe，即星象儀）——希臘文「摘星人」——是另一位偉大的天文學家。「星盤」是古代的「智慧手機」，而且與今天消費者科技不同的是，星盤沒有一種內建的失效日期。人類使用星盤使用了幾近兩千年。星盤能讓你知道你在哪裡，現在什麼時間，什麼時候日落，還能說出你的星相運勢。星盤的運作使用一套滑板，包括載有地球緯度線與某些星球位置的滑板。它們覆蓋的地區從古希臘直到阿拉伯國家，之後擴及西歐。穆斯林用星盤找出麥加（Mecca）的方向；哥倫布靠著星盤航向美洲。

亞里斯多德在西元前三百五十年發表《論天》（*On the Heavens*），說地球是圓的，而在這之前好幾代，希臘人相信地球是圓的。亞里斯多德在「論天」中指出，發生月蝕時，地球投射在月球上的陰影是圓的。如果地球是個扁平圓盤，當日光斜照之際，它投射在月球上的陰影應該呈線型。但事實並非如此，用邏輯推斷，地球是圓的。

亞里斯多德寫道，數學家在測量「stades」（古希臘運動場，今天「體育館」（stadium）這個字的來源）長度時，發現繞地球一圈的長度為四十萬個「stades」——約七萬二千公里。或許這個數字誤差了三萬二千公里，但在人類思考過程中，它仍是一次大躍進。

大約一百年後，昔蘭尼（Cyrene）的埃拉托瑟尼（Eratosthenes）研發成功地球圓周精算之道。他知道埃及的「希尼」（Syene，今天的亞斯文（Aswan））有一口井，每年到了夏至，陽光會不留任何陰影地照亮井底。這意味太陽位置就在這口井的正上方。他隨即來到亞歷山卓（Alexandria），測量夏至那天正午陽光照在一根直立竿子上留下的陰影。測出的陰影角度為七點二度，約為圓周的五十分之一。現在他只需知道亞歷山卓與希尼之間的精確距離就行了。他聘請受過專業訓練、能夠以等距邁步的測量員進行測量，得出的答案是五千個「stades」。埃拉托瑟尼於是估算，地球圓周應在四萬零二百五十到四萬五千九百公里之間。今天我們一般公認的地球圓周長度為四萬零九十六公里。

古希臘學術主要強調：宇宙間有一種可以用觀察與數學手段發掘、表達的基本秩序。只需透過自然程序，不必訴諸神祉也能了解這個世界的理念，就從這裡應運而生。希臘人之後繼續努力，探討月球圓周、地球到月球、以及月球到太陽的距離。不過他們總是大幅低估了距離，儘管他們研發了行星運動理論模式，在所有這些模式中，行星都繞著地球運轉——這種信念一直維持到文藝復興（Renaissance）時代。

古希臘文化造就了許多科學巨人，其中最著名者首推克勞迪．托勒密（Claudius Ptolemy ca. 100-170）。托勒密摘錄古典天文學，將古代星象圖歸納為四十八個星座（今天星座數有八十八個），為它們命名，而且這些名字直到今天仍活躍於許多語言。「水瓶座」（Aquarius）、「飛馬座」（Pegasus）、「金牛座」（Taurus）、「英仙座」（Hercules）與「摩羯座」（Capricorn）等名稱都出自托勒密的書，他為這本書取名《數學大成》（*Mathematical Collection*），不過世人談到這本書，都直呼它的阿拉伯文名字《至大論》（*Almagest*）。只是如同他的前輩一樣，托勒密也受困於同一陷阱，認為地球是宇宙中心，眾星都圍繞地球轉著。

托勒密等學者根據他們的了解，並根據邏輯推斷而有所謂地球中心論，而且這個理論堅持了一千五百多年。據我們所知，早期確實有人對這種正統觀點表示異議。沙摩斯（Samos）的亞里斯塔克（Aristarchus ca. BC. 310-230）提出「日心論」，認為太陽才是宇宙中心，地球繞著太陽轉。但學者們都不同意。

亞里斯塔克等人精確算出地球與月球之間的距離，不過他們算出來的太陽與地球之間的距離，為月、地之間距離的約二十倍——低估了許多，但仍是一段非常遙遠的距離。希臘人犯的錯就錯在過於謹慎。想接納一些複雜的天文狀況，就得腦洞大開，接受宇宙之大、超乎想像的事實——但他們辦不到。距離地球最近、不是太陽的恆星是「半人馬座α」（Alpha Centauri），位於距地球近四十兆公里之外。即使駕著目前已有的速度最快的太空船從地球出發，也得旅行一萬八千年才能抵達半人馬座α。即使在二十一世紀的今天，想了解這樣的距離仍令我們頭皮發麻。希臘人運用已知繳出的成績，是幾千年來人類最偉大的智慧與科研成就。

隨著希臘勢力漸衰，羅馬人有機會在天文學上嶄露頭角。不過，羅馬人始終對數學不熱衷。希臘人對占星術有興趣，但羅馬人對占星術卻是迷戀，特別是在羅馬帝國於西元前二十七年建立之後尤然。管他從地球到太陽有多遠，重要的是火星與金星如何？皇帝的命運可能就取決於這種關係！直到西羅馬帝國於第五世紀崩潰，羅馬人始終用占星術進行政治預測，看來占星術沒能幫羅馬人預見西羅馬帝國覆亡的命運。

就在這段期間，中國人不斷發展天文技巧，想出各種辦法劃分時間，以利實用。數學家祖沖之（西元四二九—五〇〇年），以三百六十五天為一年，三百九十一年為一週期編製「大明曆」，只需在第一百四十四年多插入一個月就能算得天衣無縫。祖沖之寫道，他的發現並非來自精靈鬼怪，而是從仔細觀察與精確的數學計算中得來的。

像希臘人一樣，祖沖之鑽研天文的動機，也來自一種研究經驗事實來解釋世界的價值觀。但鬼、神之說在世上大多數的地區仍是主流思想。直到伊斯蘭天地出現一場學術爆炸，才終於帶動我們的知識大舉邁進。

從第八到第十五世紀，從今天的中亞諸國直到葡萄牙與西班牙這一片廣袤地區，伊斯蘭文化先學會了希臘人的天文學，隨即在所謂伊斯蘭學習「黃金時代」將它發揚光大。在西元九〇〇年，巴塔尼（Al-Battani）將一年的長度稍微減了幾分鐘，這麼做意味地球與太陽的距離是有變化的。這種變化進而意味，行星運行的軌道或許並非完美圓形。有些學者開始質疑地球靜止不動的概念，地球旋轉之說逐漸為人接受。一位名叫「納瑟拉．圖西」（Nasir al-Tusi）的博學之士，對部分不以統一圓軌運轉為基礎的托勒密系統提出質疑。儘管如此，地球繞太陽運轉的模式仍然還沒有問世。

當伊斯蘭「黃金時代」（Golden Age）大放異彩時，歐洲還處於過去所謂「黑暗時代」（Dark Ages）。今天的史學者用「中世紀初期」（Early Middle Ages）這個比較不帶貶義的名詞，形容從羅馬帝國滅亡到都市生活在歐洲復甦的這個時代。這是一個「萬物皆有其所、皆依於其所」的時代。地球是宇宙中心，所有的天體都繞著地球轉。上帝至高無上；地球上以國王為尊，依序為主教、貴族與農奴；每個人都必須謹守其份。農奴由於大體上不會寫字，他們是否同意這樣的社會秩序不得而知。「黑暗時代」一詞來自義大利學者佩脫拉克（Petrarch, 1304-1374）。佩脫拉克認為，相較於當年希臘人與羅馬人的輝煌，這時歐洲人的人生黯淡無光。在他的史詩作品《阿非利加》（*Africa*）中，他寫道，「這種失去記憶的沉睡狀態不會持久。一旦黑暗被驅散，我們的子孫後代會像他們的先人一樣，發光發熱。」佩脫拉克生在文藝復興的風口浪尖。若有幸目睹文藝復興，他想必會說這就是他所謂「發光發熱」。就天文學，以及天文學如何幫助人類了解人類在宇宙的地位而言，文藝復興絕對是「發光發熱」的時代。

在中世紀初期，所有關於天文學的科學鉅作都與歐洲人無緣。直到克里蒙納（Cremona）的吉拉德（Gerard, 1114-1187）等人開始翻譯這些阿拉伯文作品，變局才開始出現。吉拉德前往當時屬於伊斯蘭哈里發國的托雷多（Toledo）學習阿拉伯文，將托勒密的《至大論》翻譯成拉丁文（最早先的希臘文版《至大論》當時已失傳多年）。吉拉德等學者總共翻譯了八十本阿拉伯語著作，《至大論》是第一本。求知熱的復甦奠下文藝復興的一個基礎，開啟了知識之門，讓一代又一代歐洲人根據已知事實，從十六世紀起展開所謂的「科學革命」。這是一場艱苦的奮鬥。天主教堅持以地球為中心的宇宙觀，膽敢違背這種說法的異教徒會惹禍上身。

歐洲歷經幾百年才在天文學方面趕上古希臘與伊斯蘭黃金時代。它直到一五四三年，才在天文專業領域有了真正創新與突破。就在這一年，波蘭天文學家尼古拉・哥白尼（Nicolaus Copernicus）發表《天體運行論》（*Six Books Concerning the Revolutions of the Heavenly Orbs*），認為以地球為核心的宇宙觀是錯的。

哥白尼以謹慎的措辭，寫道「如果地球在動」將如何。一開始，他的書沒有招來多少批判。他是忠實的天主教徒，而且他寫的是「如果」。而且他在這本書問世之後兩個月去世，也緩解了不少批判之聲。不過天主教與新教教會仍竭力詆毀《天體運行論》，強調教會的說法不容科學挑戰。之後在面對又一次類似挑戰時，教會的解決之道就是將挑戰者殺了。

一五八四年，義大利天文學家吉奧丹諾・布魯諾（Giordano Bruno）發表《論無限，宇宙與諸世界》（*On the Infinite Universe and Worlds*），為哥白尼的論點辯論，強調宇宙之大無窮無盡，有無窮的世界，上面住有智慧生物。布魯諾因此受審，度過八年鐵窗生活，但仍然不肯放棄他的觀點，教會於是宣布他是異教徒，把他綁在樁上燒死。

接下來輪到伽利略（Galileo Galilei）。他是使用新發明的望遠鏡，系統化記錄夜空觀察的第一人。他在一六一〇年發表的《星際信史》（*The Starry Messenger*）一書，不僅讓他青史留名，導致地球中心宇宙論的終結，還險些送了他的命。

在讀過亞里斯多德以後，伽利略開始調查哥白尼的理論是否正確，地球是否真的繞著太陽運轉。沒有多久，他就背上異教徒的罪名。他被控信念違背聖經——特別是「約書亞記十章十二—十三節」。在這段經文中，約書亞禱告神，要太陽停止運轉，「於是日頭停留，月亮止住，直等國民向敵人報仇」。如果聖經說太陽在動，什麼人膽敢說它不動？

教宗下令封口，不允許人們討論地球繞日的理論。教會很清楚，這些危險的新理論能造成大地震，破壞社會階級模式，損及教會合法性，最後損及教會的權力。如果地球不是宇宙的核心——事實上，如果宇宙沒有已知核心——人類有那麼重要嗎？法國神學家兼哲學家布萊茲·帕斯卡（Blaise Pascal, 1623-1662），很了解這個問題造成的衝擊：「吞噬在無窮無盡廣袤的太空，我對它一無所知，它對我也一無所知，想來令我膽寒。」

伽利略同意閉嘴，但當教宗烏爾班八世（Urban VIII）於一六二三年登基時，伽利略認為時機已經成熟，可以展開《托勒密與哥白尼兩大世界系統間的對話》（*Dialogue on the Two Chief World Systems, Ptolemaic and Copernican*）這本書的工作。這本書發表於一六三二年，寫得很細緻，但偏向於支持地球繞日論點。教宗不開心，兩個月之久的一次審判隨即展開。

伽利略辯稱自己並不「相信」哥白尼的觀點，自己寫這本書只是要討論這個觀點而已。但抗辯無效——他因為「相信並堅持（錯誤而違背神聖經文的）理論……認為地球會轉動，而且不是這個世界的中心」被判有罪。伽利略背叛服刑三年，而且奉命「每週朗讀七篇懺悔詩」。這算客氣了。伽利略如果不是全世界最著名的科學家，很可能像吉奧丹諾．布魯諾一樣慘死。但從六十九歲起直到一六四二年去世，伽利略一直遭到軟禁。（三百五十九年後，在一九九二年，教廷終於承認它當年錯了。）

儘管教宗大發雷霆（或許上帝並不生氣），對神父、牧師來說，知識浪潮已開始逆轉。人類對天體的研究顛覆了千百年來認定的智慧，嶄新的世界觀出現了。無論有意或無意，老舊的神祇觀受到挑戰。

伽利略去世後一年，艾薩克．牛頓（Isaac Newton）誕生。他長大後發明了一種新望遠鏡，能比過去更深入地一窺太空景觀。他的《自然哲學的數學原理》（*Principia*，一六八七年發表）等著作，為世人帶來運動定律與萬有引力定律，開啟了物理學與天文學新時代。

牛頓走上世界舞台，但他沒有嘗試埋葬上帝，而是讚美上帝。對宇宙鑽研越深，更讓他相信宇宙設計如此神奇，必然出自一位設計師：「只有一種又有智慧、又強大的主，才能透過建議與操作，造出這種絕美的太陽、行星與彗星系統。」

牛頓同意地球圍繞太陽而轉。伽利略也曾作過我們今天所謂「重力」實驗（據說，他從比薩斜塔（Tower of Pisa）上丟東西下來），但牛頓的理論邁進一大步，認為萬物皆有重力，不僅地球上這樣，太空中亦復如此。就像之前的大師一樣，牛頓結合經驗工作與「靜坐思考」，開創科研史上的一項革命。

為什麼蘋果以直線墜落地上？為什麼砲彈速度慢下來以後會呈曲線下墜？是什麼奇怪的力量把它們拉下來？牛頓認為，一個東西質量越大，越能吸引較小的東西。所以，即使把一個蘋果從世上最高的山上扔出去，而且速度奇快，不斷往前衝，這個蘋果也不可能呈一直線、衝進太空，它會受這種奇怪的力量牽引，不斷下彎，最後「落」在地上。這種奇怪的力量就叫「gravity」（重力），源自拉丁文「gravitas」，意即「重量」。牛頓解釋說，行星所以不斷繞日運轉，而不會在太空中漂流遊蕩，原因就在於這種「重力」。越大的東西距離一個越小的東西越近，它牽引這個小東西的重力也越強。

牛頓的理論遭到幾位科學家有限抗拒，理由是他的重力理論很像一些有關超自然力的原始迷信。但牛頓不以為意，他以理性方式證明他的構想，而且也篤信他的上帝，他很滿足。

牛頓由於多得數不清的貢獻與建樹成為第一位封爵的科學家，當他於一七二七年去世時，遺體還在西敏寺大教堂（Westminster Abbey）停靈一週，供人瞻仰。英國大詩人亞歷山大．波普（Alexander Pope）寫道，「上帝說，讓牛頓降生吧！於是人世大放光明。」（God said Let Newton be! And All was Light.）

科學世界迎來令人振奮的時代，有些類似古希臘與伊斯蘭世界黃金時代，但不同的是知識發展進度超越以往任何時代。每一項新發現，對組織化宗教以及它倚為屏障的權勢長城都是一記重擊。在這個「理性時代」（Age of Reason），教會再也找不到理由，要科學家為違背聖經而朗讀懺悔詩了。

凝視星空為我們的思考與生活方式帶來一場徹底的革命，也開啟了科學研發向前邁進之道。在科技先進國度，組織化宗教逐漸——不過並非全面——退入教堂、寺院，科學據有世俗生活的一切。

這是一個充滿奇蹟與美好的世界。從這以後，人類知識突飛猛進，拜科技神奇之賜，今天當我們凝視星空時，我們可以看到太多、太多。新的太空望遠鏡可以看到過去，可以看到經歷一百三十億年才終於照到望遠鏡鏡片上的光。

喬治・李梅（Georges Lemaître）在一九三一年提出，宇宙誕生之初，源起於一顆小粒子的爆炸，他為這顆小粒子取名，叫做「原初原子」（primeval Atom）。愛德文・哈柏（Edwin Hubble）設在加州的那個巨型望遠鏡找到了支持李梅此說的證據。這些證據似乎顯示，所有可以觀察得到的銀河都以高速，朝四面八方遠離地球。準此我們可以合理推論，在一個特定時間點上，所有這些銀河在一開始都源出同一地方。「大爆炸」理論於是應運而生。在這以前，傳統智慧大體上支持「穩態」（Steady State）論——認為宇宙早就存在，而且會一直存在下去。但根據一九五〇年代研發成功的銀河運動速度測量新法，我們發現宇宙於一百三十七億年前誕生。對於我們有關宇宙的認識，這是一次了不起的革命。

重達十二噸的「哈伯太空望遠鏡」（Hubble Space Telescope）於一九九〇年進入軌道。一旦將地球大氣造成的侷限與扭曲效應排除之後，這個望遠鏡開始更清晰地聚焦宇宙，對宇宙的過去，對宇宙與人類的誕生，進行越來越深入、細到微秒之差的觀察。現在，紅外線望遠鏡可以偵測到能穿透宇宙塵、但肉眼或「哈伯」這類可見光望遠鏡看不到的輻射光。一旦掌握輻射光，只須測量波長與結構，我們就能找出數據，一窺宇宙奧妙。

所有這些發現的背後動機都一樣：我們得為「如何」與「為何」這兩個問題作答。科學很能答覆這第一個問題，但就算找到第一個問題的答案，這答案往往引起另一問題「為何」。儘管我們今天已擁有先進知識，宇宙的神奇奧妙仍讓人匪夷所思。就許多方面來說，二十世紀出現的許多理論與發現只能造成更多讓人困惑的問題，或許我們只有在深入探討太空實境之後，才能找出這些問題的答案。

上世紀的頭二十年，世人第一次見識到古怪新奇的「量子力學」與愛因斯坦（Albert Einstein）的「相對論」與「太空時間論」。量子力學認為，由小粒子組成的次原子神秘世界完全毫無章法，這種概念與愛因斯坦（以及牛頓）的宇宙法則觀點相衝突。這場辯論值得我們稍微一提。所以只是稍微一提，是因為就算是當今世上最聰明的人，也不真能搞懂究竟什麼是量子力學。話雖如此，量子力學、愛因斯坦對量子力學的反應、以及他的發現，告訴我們一些人類命運何以取決於太空的道理。

量子世界理論認為，一個粒子就算遠在億萬公里之外，也能對另一粒子產生立即影響。關鍵就在於這「立即」兩字。但這與已經為人接受的宇宙科學法則格格不入。舉例說，愛因斯坦告訴我們，世上最快的莫過於光速。

正是基於這個法則，愛因斯坦反對量子力學，說這種理論有如「遠方的鬼魅效應」，科學家們也為它的合法性爭論不休。但無論如何，這個理論的出現意味科學法則未必普世皆準。如果科學法則並非普世皆準，儘管令人難以置信，但或許世上真有什麼東西能比光跑得還快。愛因斯坦為人引用最多的一句名言，就是針對量子力學造成的這個兩難困境而發：「面對宇宙問題，上帝不會擲骰子。」（God does not play dice with the universe.）

愛因斯坦同意牛頓的觀點，認為太空有長、寬、高等三維。但牛頓認為太空中的物體不影響這些維度，而愛因斯坦說它們能影響。愛因斯坦在他的「狹義相對論」（Special Theory of Relativity）中，為太空添加了第四維：時間。他為這第四維取名「太空—時間」。大塊質量能扭曲「太空—時間」，甚至造成「太空—時間」的加速或放緩。不妨把太空想成一個泡棉床墊，你踩在上面。你的體重（質量）造成床墊（太空）凹陷。根據愛因斯坦的理論，重力是太空—時間型式的一種扭曲。

我們的祖先仰望蒼空，茫然不解，只能運用它顯然的秩序為周遭世界找出道理。我們今天知道的比過去多得太多，但擺在我們眼前的，仍是一個無窮無盡，充滿黑物質、黑洞、太空—時間扭曲等各種神祕的宇宙，我們仍然得面對秩序與法則等基本概念的挑戰。牛頓說：「我們知道的不過是涓滴水珠，不知道的恍若浩瀚海洋。」就是這個意思。

「量子力學」與「太空—時間」對於太空旅行可能造成什麼影響仍是未知數，但它們可能為遙遠的未來開啟新途徑。歷經數千年的科技發現，不解的問題仍比答案多，此外還有更多我們甚至連知都還不知道的問題。若干這類問題與答案只有在進一步深入太空探索之後，才有發現的可能。事實證明人類對太空的好奇大到難以抵禦，明知危機四伏，也要親自深入穹蒼，一探究裡。

第二章　上天之旅

「我看到地球了！它好美！」

——尤里・加加林（Yuri Gagarin）

經過幾千年緩慢的發展，以及之後出現在二十世紀的幾十年奇蹟也似的突飛猛進，我們終於在不到百年前首次跨入太空。不過終於讓我們進入太空的，主要靠的還是地球上的衝突。引領我們進入太空的科技來自冷戰期間的武器競賽。

對幾乎整個人類史而言，太空始終是看似不遠、卻又遙不可及的領域。英國天文學家福瑞德・郝立（Fred Hoyle）在一九七九年說，「太空一點也不遠。你的汽車如果可以筆直往上開，只需一小時就能開到。」但想掙脫地心引力、衝出地表，得有每秒十一公里的「逃逸速度」（escape velocity），「一級方程式」（Formula One）賽車工程師雖說想盡辦法加速引擎運轉，但無論怎麼樣也跑不出這樣的高速。而另一方面，火箭引擎卻……

事情原來這麼簡單，用火箭就好了。我們可以到店鋪買些沖天炮，在後院發射，慶祝生日或大年除夕。但發射載人火箭進入太空卻是複雜得嚇人的大工程，目前為止只有三個國家能辦到。

一九六九年七月二十一日，太空人艾文・奧德林站在月球上，旁邊是美國國旗。（圖片來源：Wikimedia Commons）

載人太空旅行的一個難題是，這種尖端科技得讓人員乘坐在巨型燃料槽的頂端，然後將燃料點火。「太空梭」（Space Shuttle）太空人麥克・馬西米諾（Mike Massimino），在他的回憶錄《太空人》（*Spaceman*）中，對這項科技有頗為傳神的描繪。他在回憶錄中寫道，在與一起上天的另幾名太空人走進發射台時，他看到他們一派歡欣鼓舞模樣，不禁心想：「他們瘋了嗎？難道他們看不出來我們就要把自己綁在一枚炸彈上，讓它把我們炸上幾百哩的高空？」

沒錯。太空梭的外部燃料槽藏有六十五萬升液態氧與一百七十萬升液態氫。點火以後，引擎會以相當於每十秒鐘耗盡一個家庭游泳池容量的速度燃燒這些燃料。

中國和尚早在九世紀已經懂得將硫磺、硝酸鉀與木炭調製成火藥，相形之下，這種點火引燃的基本科技沒有多大差異。在一開始，和尚們用它製作煙火，但中國人隨即用它製作「會飛的火矛」——自走火箭。據說，有人還在十六世紀用這種東西登上星球。根據中國傳說，明初「萬戶侯」（譯按：官爵，擁有一萬戶子民）陶成道將四十七支裝滿火藥的火箭綁在一張竹椅上，自己坐進去，牢牢捆縛，然後下令僕人引燃導火紙。竹椅一飛衝天，不久在空中大爆炸，造成大塊煙雲。陶成道連人帶椅從此蹤影全無。沒有書面證據證明確有此事，不過現在月球上有一個坑就以他的官名命名為「萬戶」。

許多世紀以來，世人也曾多次設計火箭，或多或少取得成功；但談到現代火箭世系，太空飛行史學者一般會提到三個名字：康士坦丁・齊奧柯夫斯基（Konstantin Tsiolkovsky, 1857-1935）、羅伯・高達（Robert Goddard, 1882-1945）與赫曼・奧伯斯（Hermann Oberth, 1894-1989）。這三位人士都是各自科研領域的偉大先驅。其中美國人高達，是史上使用液態燃料、發射火箭升空的第一人。自中國人在九世紀的發現以來，發射火箭使用的一直是經過壓縮的粉狀固態燃料。奧伯斯是德國科學家，由於為納粹工作而蒙上汙名。納粹運用奧伯斯有關多節火箭的研究，造出「Vergeltungswaffe 2」（復仇武器二型），即「V 2」火箭，在第二次世界大戰期間攻擊英國平民目標，造成毀滅性效應。奧伯斯還對自己進行醫學實驗，證明自己的理論——人類可以禁得起太空旅行造成的G力與無重等身體壓力。但或許我們可以說，這三位之中，最具想像力的首推齊奧柯夫斯基。

一九〇三年，在第一架動力飛機升空六個月前，一位名不見經傳、自學成材的俄國科學家發表了第一篇太空飛行可能性的理論性證據。那一年稍後，萊特兄弟飛上史書，而齊奧柯夫斯基儘管身為史上最有遠見的科學家，卻仍無籍籍之名。

齊奧柯夫斯基生在小戶人家，兄弟姊妹加上他自己共有十八人，他排名第五。他在十歲那年因一場病而失聰，十四歲那年輟學，之後上公立圖書館讀了無數有關物理學、天文學與解析力學的科學書籍，還看了儒勒．凡納（Jules Verne）的科幻小說。他寫道，「除了書本外，我沒有其他教師。」

他的早期著作包括多項極具遠見的構想：如何打造太陽能動力太空站、控制太空船導向的陀螺儀草圖、讓太空船可以互相停靠的氣密艙、以及讓宇航員（太空人）可以跨出艙外的加壓太空裝。早在一八九五年，他已將「太空升降機」（space elevator）的構想理論化。之後他陸續完成許多令人震驚的研究成果，其中一九〇三年的研究報告「用反應機探討世界空間」（Exploration of the World Space with Reaction Machines），提出火箭可以衝出大氣層、環繞地球運行的第一份科學理論證據，更使他揚名俄國。齊奧柯夫斯基算出來，想衝破大氣、進入軌道，需要的水平速度為每秒十一．二六公里，以液態氫與液態氧混合劑為燃料的火箭可以達到這種速度。他的這項人稱「齊奧柯夫斯基方程式」（Tsiolkovsky equation）的算程是太空旅行的基礎。

蘇聯上台後，齊奧柯夫斯基有關太空旅行的那些準神學的說法，由於與共產黨無神論衝突，引起蘇聯當局猜疑。在「有神嗎？」（Is There God?）的論文中，齊奧柯夫斯基寫道，「我們都受宇宙控制，都仰仗宇宙鼻息……我們只是木偶，只是機械傀儡」。事實上，他受到共產黨控制。祕密警察一度將他逮捕，以反蘇聯宣傳罪名在莫斯科惡名昭彰的「盧比安卡」（Lubyanka）監獄坐了幾週的牢。但隨著萌芽中的火箭工業崛起，蘇聯發現本國人能名列先驅帶來的公關效益，於是在一九二九年准許齊奧柯夫斯基發表第一篇有關多節火箭推進器概念的論文。

特別是在他的出生地，人稱「太空飛行之父」、「火箭之父」的齊奧柯夫斯基絕對稱得上家喻戶曉。他那棟不起眼的木屋成為開放供民眾瞻仰的聖地：木屋旁就是以他的名字命名的「國家太空飛行歷史博物館」。蘇聯太空船「月神三號」（Luna 3）在月球總是與地球相背的那一面發現一座巨坑，就以這位將科幻小說化為科學事實的奇人之名命名。

許多科幻小說作家都是齊奧柯夫斯基的信徒。在《刺客信條》（*Assassin's Creed*）系列中，主角讀著齊奧柯夫斯基所著《宇宙的意志》（*The Will of the Universe*）。《星艦迷航》（*Star Trek*）影集中，有一集取名就叫「齊奧柯夫斯基」。席德．梅爾（Sid Meier）設計的兩個電子遊戲引用了他的話。科幻作家威廉．吉布森（William Gibson）在一篇短篇小說中，也談到這位太空科技先驅。毫無疑問，梅爾與吉布森知道齊奧柯夫斯基那句名言：「地球是人類的搖籃，但人不能永遠躺在搖籃裡。」齊奧柯夫斯基在去世前不久寫道，「我這一生都夢想著，希望我的成果能幫人類至少往前跨進一些。」他的夢想果然成真。

化理論為事實並不簡單。要達到齊奧柯夫斯基的方程式，你得加速。要加速，你得有燃料。要讓速度更快，需要的燃料也更多。需要的燃料更多，裝載燃料的載具也變得更重。

二十世紀初期數十年間，已有許多科學家埋首於這類問題。二次大戰爆發前，科學家在這方面有了各種進展，不過真正導致這類科技突飛猛進的，還是二次大戰本身與之後冷戰期間的決勝意志。

蘇聯人與日本人都作了火箭動力飛機的實驗，日本甚至研發了一款火箭動力的自殺轟炸機。但走在最前面的是德國的火箭計畫。主持這項計畫的人是韋恩赫・馮・布朗（Wernher von Braun）。馮・布朗是普魯士貴族，受赫曼・奧伯斯的作品啟發頗深。像奧伯斯一樣，馮・布朗也加入納粹黨，成為「黨衛軍」（ＳＳ）少校。

一九四二年，在馮・布朗主導下，德國人第一次將火箭射入距地表約一百公里的「亞軌道」（sub-orbital）太空，不過馮・布朗團隊設計出的火箭仍未能達到掙脫地表所需的「逃逸速度」。但他的Ｖ2火箭時速達到五千三百公里，可以飛到距地表三百二十公里高空，然後墜落地面。希特勒在聽到馮・布朗完成的突破時，要他製造幾千枚這樣的火箭，還要在前面裝上彈頭。第一批Ｖ2火箭在一九四四年升空。它們以音速飛行，幾乎不可能攔截，而且發射後不到三分鐘就能擊中目標。

當希特勒的「千年帝國」（Thousand Year Reich）在建立九年後開始崩潰時，馮・布朗與他的團隊逃到巴伐利亞（Bavaria），向美國人投降。這一步走得很聰明，因為不向美國投降，就得向蘇聯投降。美、蘇兩國都派了情報官，尋找納粹秘密武器與製造這些武器的科學家。

在人稱「迴紋針行動」（Operation Paperclip）的秘密作業中，馮．布朗與大約一百二十名德國科學家飛往美國，協助研發美國的彈道飛彈計畫。這些科學家的過去都經過粉飾。其中許多人是納粹信徒，但與那些在紐倫堡（Nuremberg）戰犯審判中伏法的納粹不同的是，他們受雇於美國政府，沒有上絞刑台。V2火箭大體上出於馮．布朗親自從布肯瓦德（Buchenwald）集中營挑選的奴工之手，這些火箭殺害了數以千計平民。

性格開朗、能言善道的馮．布朗最後成為「美國國家航太總署」（NASA）「馬歇爾太空飛行中心」（Marshall Space Flight Center）主任與美國太空計畫發言人。據說，馮．布朗曾在談到他的火箭計畫時說，計畫進行得很好，只不過現在這些火箭的目標不在地球上。美國人與他訂了一項「浮士德式交易」（Faustian pact），美方替他洗淨過去替納粹服務的罪行，但他得幫美國打贏與蘇聯的冷戰。

俄國人的觀點也不相上下。「奧索維亞欣行動」（Operation Osoaviakhim）是蘇聯版的「迴紋針行動」。一九四六年十月，蘇聯軍隊與情報單位將兩千兩百多名德國科學家與其家屬送往俄國，進行火箭計畫等多項計畫。冷戰開打了。

那是一個全世界人類都生活在核爆蘑菇雲陰影下的年代。為謀在核子攻擊下生存，當年的兒童得演練「躲避與掩護」，儘管一旦爆發核戰，就算藏身防空避難所也無濟於事，當局仍然鼓勵人民打造自己的避難設施。一九四九年八月，蘇聯在哈薩克（Kazakhstan）境內一處遙遠的試爆場引爆它的第一枚原子彈。美國一架間諜機在飛越西伯利亞海岸外時，偵獲這次試爆造成的輻射蹤影，幾週後，美國總統哈里・杜魯門（Harry Truman）向世人宣布蘇聯是核子國。美、蘇兩國間的核子大戰現在成為一種可能。兩國隨後研發成功威力猶有過之的氫彈，核子大屠殺的危險性更加與日俱增。

在冷戰期間，為證明本國政治系統——與武器——的優越性，美、蘇兩國都全力投入科技發展。到一九五〇年代，兩國都在建造彈道飛彈，將人造衛星射入太空，以測試大氣密度、研究無線電波傳輸、追蹤軌道中的物體。當然，這些飛彈還有另一目的。

蘇聯太空計畫的負責人是謝爾蓋・柯洛里夫（Sergei Korolev）。他在一九三〇年代，禁不住酷刑，「招供」自己是反對祖國的反革命份子，被送進西伯利亞殘酷的集中營。他在那裡忍飢挨餓，牙齒被打掉，下巴被打爛。但之後德軍入侵，蘇、德戰爭爆發，他被調入莫斯科監獄，在二戰期間負責火箭設計工作。在冷戰期間，他奉命「擊敗美國人，先登上太空」。他用了四個月時間完成這項任務。

一九五七年十月初，美國東部幾名「火腿族」的短波無線電接收到一連串嗶嗶聲響，將它們錄了下來。不出幾個小時，美國電視與電台開始播放這些來自「史普尼克一號」（Sputnik 1，Sputnik為「旅遊伴侶」之意）的傳訊。史普尼克一號是第一個環繞地球軌道的人造體。人類終於跨越「逃逸速度」門檻，太空時代降臨了。

史普尼克一號於十月四日從哈薩克發射升空。它是個簡單的小東西，只比海灘球略大，重量也只有八十五公斤。它有四根突出球體的長天線，球體裡面裝了一個溫度計、幾個電池、一具無線電發報機與一個製冷的電扇。這件事讓美國人羞得臉紅脖粗、無地自容。

這是俄國、蘇聯與共產主義的一項大勝。俄共《真理報》（*Pravda*）發表評論說，「全世界都聽到這項人造月球發射的宣告。」蘇聯領導人尼基塔・赫魯雪夫（Nikita Khrushchev），當晚十一時在基輔「瑪麗亞宮」（Mariinsky Palace）出席一項酒會中聽到這項成功發射的消息。他的兒子謝爾蓋回憶說，有人過來告訴赫魯雪夫，說有他的電話，赫魯雪夫隨即離席，幾分鐘後他「臉上發光」地重返酒會現場。赫魯雪夫坐在椅上，一語不發，又隔了一會，他站起身來，舉手示意要大家安靜。「同志們，」他對在場那些莫名其妙的烏克蘭中央委員會委員說，「稍早前，地球的一個人造衛星升空了。」

白宮假裝不當一回事。總統艾森豪稱它是一個「空中的小球」，一名助理說，美國沒興趣「打一場外太空籃球賽」，還有一名助理甚至說史普尼克一號是「俗麗的裝飾球」。但私下裡，莫斯科這項成就的意義令美國當局寢食難安，而美國媒體的聳動標題，也讓人不敢對這事造成的巨大影響掉以輕心——《紐約前鋒論壇報》（*New York Herald Tribune*）說這是美國的「一項慘敗」，《報導者》（*Reporter*）也說這是一項「全國緊急事件」。這個「空中小球」粉碎了美國人「刀槍不入」的意識。

史普尼克一號的鋁製外殼打磨得十分光滑，每在通過美國上空時，美國人都能清楚地看到它映日生輝的身影。它就這樣每隔九十分鐘飛越美國上空一次，每天如此，一連三個月，才在重返地球大氣時焚毀。每在飛越美國上空時就提醒美國人，蘇聯科技已經超越美國。美國人之所以如此焦慮不安，主要不在於史普尼克一號本身，而在於運載它進入軌道的那個巨型火箭。俄國人稱為「Iskustvenniy Sputnik Zemli」——即「地球人造衛星」——改變了遊戲規則。在史普尼克一號升空以前，美國人自認有能力攔截蘇聯攜帶核武的飛機，但史普尼克一號不只是彈道飛彈，還能進入太空，很明顯可以用來打擊美國。

日後，在談到史普尼克一號升空事件對美國政府與人民的影響時，史學家華特．麥道高爾（Walter McDougall）說，「讓共產黨在科技上領先？開拓一個無窮盡的新疆域？就某種意義而言俘虜未來？……這代表什麼意義？未來屬於共產黨嗎？」現在赤色勢力不僅潛伏在美國床腳下而已——它們已經爬到美國頭上。

史普尼克一號升空後數天，為白宮撰寫的一份註明「機密」的備忘錄，透露艾森豪政府對這次事件可能造成什麼影響的看法。這份名為「蘇聯衛星造成的反應」的備忘錄說，「友好國家的輿情顯示，人民很顯然對軍力均勢偏移感到擔憂」，備忘錄在結論中指出，「蘇聯老大哥的信譽大幅提升」。幾週後，蘇聯成功發射「史普尼克二號」（Sputnik 2）。裡面載了一隻名叫「萊卡」（Laika）的狗，萊卡成為第一隻進入太空的動物，可悲的是牠沒能成為第一隻從太空返航的動物。

艾森豪下令美國盡快發射自己的衛星。在史普尼克一號升空兩個月後，載著美國「前鋒三號測試車」（Vanguard Test Vehicle Three）的火箭從卡納維爾角（Cape Canaveral）發射，不過只離地一公尺多就墜落爆炸。與蘇聯境內管制發射狀況大不相同的是，美國當局廣邀媒體親臨這次發射現場採訪。「前鋒三號」發射失敗的畫面在數小時內傳遍全美，媒體狂推「破爛尼克」（Kaputnik）與「砸鍋尼克」（Flopnik）等各式標題，大肆挖苦。蘇聯也趁勢大吃美國豆腐，表示願意根據「為落後國家提供技術協助計畫」支援美國。

艾森豪很不爽。美國的太空計畫預算於是從每年近五億美元增加到超過一百零五億美元。一九五八年一月，馮．布朗設計的「朱諾一號」（Juno 1）火箭載著「美國探險家一號」（US Explorer 1）人造衛星升空，成功進入軌道。但蘇聯已完成兩個「第一」。現在兩國都想方設法，要在下一場角逐上取勝。

接下來幾年，兩國互有勝負，不過規模都不能與史普尼克一號相比。一九五八年十二月，艾森豪總統的聖誕節文告錄音透過一顆美國衛星向全美轉播，成為第一次來自太空的人類語音廣播。幾週以後，蘇聯的「月神一號」（Luna 1）火箭偏離預定的月球目標，與月球擦肩而過，開始繞著太陽、而不是繞著地球軌道運轉——儘管誤打誤撞，但又拿下一個第一。在一九六〇年，美國發射一個「電視與紅外線觀測衛星」（TIROS），研究天氣。不到幾天，它就開始偵測、追蹤一個出現在馬達加斯加（Madagascar）外海的風暴，TIROS於是成為今天全球氣象報導系統的原型。TIROS只能捕捉大規模特性，但這已足夠讓莫斯科神經緊張。隨後蘇聯貨真價實、「打響」了一個大的——「月神二號」（Luna 2）成為第一個登陸月球表面的太空船。那是一次「硬著陸」，意思是說，月神二號在登月時墜毀，不過它完成了任務——這次撞擊讓它將許多載有蘇聯標誌的銀板散落在月球表面。赫魯雪夫還特意送了一塊這種登月銀板複製品給艾森豪作為禮物。

就在這一年，「月神三號」（也是柯洛里夫設計的）抵達月球與地球相背的那一面。雖然在大部分的時間裡，這一面的月球總是沐浴在陽光中，但許多年後，英國搖滾樂團「平克．佛洛伊德」（Pink Floyd）在推出他們的暢銷專輯時，可沒把這當一回事。〔譯按：平克．佛洛伊德於一九七三年推出暢銷曲「月之暗面」（The Dark Side of the Moon），成為全球最著名的搖滾樂團。〕

一九六〇年，「史普尼克五號」（Sputnik 5）載了「貝爾卡」（Belka）與「史翠卡」（Strelka）兩隻狗上了太空，所幸這一次兩隻狗運氣好，都安返地球。在當了一陣子名「狗」以後，史翠卡淡出公共舞台，生了六隻小狗，其中一隻名叫「普欣卡」（Pushinka，意即「毛孩」）。赫魯雪夫想起來，在一九六一年與美國第一夫人賈桂琳．甘迺迪（Jaqueline Kennedy）的一次對話中，賈姬曾問起史翠卡。這時赫魯雪夫已學會送禮竅門，於是用飛機把「毛孩」送到白宮，還為「毛孩」發了蘇聯護照。甘迺迪總統也寫了一封感謝信給赫魯雪夫：「收到『毛孩』，讓我太太與我非常開心。與狗媽史翠卡的太空之旅相形之下，毛孩的蘇聯飛美國之旅雖說遜色不少，但仍是一趟長途飛行，而毛孩一切安好。你能在百忙之中記得這些瑣事，讓我們夫婦感念不已。」毛孩活蹦亂跳進了白宮，與甘迺迪的一隻名叫「查理」（Charlie）的狗激出愛情火花，生下甘迺迪稱為「普普尼克」（pupniks）的四隻小狗。在那段極度緊張的冷戰歲月，能有這樣溫馨的小插曲也是美事。

不過太空競賽還得打下去。看到蘇聯人將「貝爾卡」與「史翠卡」送上太空，美國人也不甘示弱，於一九六一年一月三十一日將一隻名叫「火腿」（Ham）的猩猩送上太空，「火腿」成為第一個進入太空的靈長類。但沒有人記得「火腿」，因為第二個進入太空的靈長類，同時也是第一個進入太空的人。不幸的是，美國人將這次送「火腿」上太空的計畫取名「盡快送人上太空」（Man in Space Soonest），簡稱「MISS」。他們果然「MISS」（錯失良機）了。

一九六一年四月十二日，上尉尤里．亞歷施維奇．加加林走下載他前往發射台的車，在右後方車輪上小了一泡尿，然後走向「東方一號」（Vostok 1）火箭。直到今天，俄國宇航員都會在升空前如此這般一番，以示對這位先驅的敬意。（女性宇航員會在升空前，拿個瓶子將瓶中液體澆在車輪上）。加加林小完便，爬上太空艙，等著。俄國人不興倒數計時這一套——謝爾蓋・柯洛里夫認為只有美國人喜歡這種把戲——到莫斯科時間上午九時零七分，他們按下一個鈕。加加林叫了一聲「波耶哈里！」（我們走！）——他起飛了，掙脫地球束縛，飛向詩人飛行員約翰・吉利斯派・馬基（John Gillespie Magee）所謂「未經逾越的高空淨土」，從此青史留名。

加加林繞地球軌道飛了一圈多一點，整趟旅途歷時一百零八分鐘。在重返大氣層時，他在距地表約七公里的高空彈出太空艙，降落在伏爾加河（Volga）流域一處偏遠鄉野。幾分鐘過後，名叫安娜・塔他洛瓦（Anna Takhtarova）的婦人帶著她的五歲孫女，看到一名著鮮橘色套裝、戴白色頭盔的人，穿過她們家的馬鈴薯田朝她們走來。加加林後來回憶說，「她們看到我身穿太空裝，邊走邊拖著降落傘，嚇得往後倒退。我告訴她們，不要怕，我像妳們一樣也是蘇聯公民。我剛從太空下來，必須找個電話通知莫斯科！」

加加林成為世界名流，是「蘇聯英雄」，也是蘇聯在冷戰期間的重要資產。他只有二十七歲，散發著無窮魅力，總是笑容可掬。而且更重要的是他是一個小型集體農場的農民之子，一開始接受戰鬥機飛行員養成訓練，之後受訓成為宇航員，最後成為第一位上太空的人——還有什麼比這更能證明蘇聯制度對資本主義西方的優越性？

蘇聯這項太空計畫先從兩百名戰鬥機飛行員中挑選幾名宇航員人選，加加林是其中一人。在火箭升空前不久，經過層層篩選，出這趟任務的人選剩下最後兩人：加加林與格爾曼・提托夫（Gherman

Titov）。提托夫無論就各方面而言，能力都不輸加加林，但他有一大瑕疵——他出身受過良好教育、寬裕的中產階級家庭。赫魯雪夫很清楚「從集體農場到太空」這套論述的宣傳價值，就這樣，最後還是由農民之子乘坐「東方一號」穿過大氣層、上了太空。在出席「紅場」舉行的加加林勝利大遊行前，當局特別叮囑加加林的父母要穿簡樸的衣裝與會。

蘇聯將人送上太空的消息於凌晨時分傳到美國，全美各地媒體紛紛找上太空總署要求置評。太空總署值班新聞官約翰·「矮仔」·鮑華斯（John 'Shorty' Powers）不堪清夢被擾，對一名記者吼道，「你有病啊！我們這裡大家都好夢正酣呢！」於是經典標題出現了：「蘇聯把人送上太空。發言人說美國在睡覺。」

這對美國確實是一記大警鐘。幾個月前，甘迺迪總統在他的就職演說中說，「為確保自由的生存與勝利，我們願意付出任何代價、承擔任何負擔、克服任何艱辛、支持任何友人、反對任何敵人。」在加加林升空以前，美國願意付出的代價不包括「為太空總署編列龐大預算」，現在都願意了。

一九六一年五月五日，在加加林返回地球僅僅三週之後，亞蘭·謝巴德（Alan Shepard）成為進入太空的第一個美國人，但只能是世上第二人。甘迺迪於是決定提高目標。他與副總統林登·詹森（Lyndon Johnson）達成結論，只是繞月飛行或是打造一個太空站，還不足以證明美國的科技能力與領導地位。為了證明美國的優勢，他們得在世人眾目睽睽之下，讓美國人登上月球才行。就在那個月，甘迺迪在一篇國會演說中說，「如果我們只想做個半吊子，或面對艱難就降低目標，依我看，我們不如乾脆別做還更好些。」

甘迺迪還表明這項任務與冷戰有關：「自由對抗獨裁之戰現已在全球各地打響，如果我們想打贏這場戰鬥，近幾週出現在太空的戲劇性成就，就像史普尼克在一九五七年一樣，也讓我們都明白太空冒險對全球世人造成的心理衝擊……我相信我們國家應該全力投入這個目標，在這個十年結束以前將人送上月球，再讓他平安返回地球……那不會只是把一個人送上月球那麼簡單——如果我們真的要做到，那會是一場全國性的投入。」

翌年，甘迺迪在休士頓發表「我們選擇登月」（We choose to go to the Moon）演說，重新強調他的決心與承諾：「我們決心要在六十年代結束以前登陸月球，還有其他等等——不因為它們容易做到，而因為它們不容易做到。」馮．布朗開始忙了。

柯洛里夫早已忙得不可開交。儘管有「史普尼克一號」等等那許多成績，他身為蘇聯火箭計畫首席設計師的角色卻鮮為人知。直到他因例行手術併發症於一九六六年去世後，他的身分才曝光。醫生曾嘗試用呼吸管急救，但由於早年在西伯利亞集中營受苦受難，喉管受損，醫生無法讓呼吸管進入他的喉嚨。柯洛里夫死後獲得國葬，骨灰埋在「克里姆林宮圍牆」（Kremlin Wall）下。加加林為他唸了訃文。

兩年後，加加林也做了古。他在談到他的太空之旅時說，「我有可能永遠飛在太空中」。不過他後來在試飛一架「米格十五」（MiG-15）戰鬥機時，因失事遇難，享年三十四歲。數以萬計民眾參加他在紅場的葬禮，他的骨灰就埋在柯洛里夫的骨灰邊。

從甘迺迪發表「選擇登月」演說到柯洛里夫去世之間，蘇聯不斷拿下一連串「第一」，而且這些成就都有柯洛里夫的印記。人類首次雙人太空飛行，一九六二年。第一位進入太空的婦女，法蘭汀娜・提里西柯瓦（Valentina Tereshkova），一九六三年。第一次太空漫步，亞歷克西・里奧諾夫（Alexei Leonov），一九六五年。里奧諾夫的太空漫步絕對精彩絕倫——但在走出太空艙後，他的壓力服膨脹起來，讓他沒辦法折返太空艙。在之後分秒必爭的緊張中，里奧諾夫用了幾分鐘從壓力服中排出足夠氧氣，讓他能穿過一公尺寬的氣密閘門，回到太空艙內。一年後，「月神九號」（Luna 9）完成月球表面第一次軟著陸，發回第一批月球表面特寫照。

在回應甘迺迪一九六一年那篇演說時，赫魯雪夫既不證實、也不否認莫斯科正在與美國比賽登月。他下達密令：如果美國人說「要在這個十年結束前登月」，蘇聯就得搶在美國人之前於一九六八年登月。但沒了首席設計師柯洛里夫的蘇聯終究沒能辦到這一點。

在柯洛里夫去世後，蘇聯的太空計畫發生一連串技術性失敗，包括「聯盟一號」（Soyuz 1）宇航員福拉狄米爾・柯馬洛夫（Vladimir Komarov）於一九六七年的死難。聯盟一號登月任務在遭遇幾次事故後放棄，但在返回地球時太空船主傘沒能張開，備用傘也糾結成一團。太空船因此以高速撞擊地面，發生爆炸。工程人員花了十八個月時間才終於找出、解決問題所在，讓任務得以繼續。美國航太總署也碰上幾場悲劇。在一九六七年一次地面測試中，「阿波羅一號」（Apollo 1）太空艙失火，太空人佛吉爾・葛里蘇（Virgil Grissom）、艾德・懷特（Ed White）與羅傑・夏飛（Roger Chaffee）死難。當局花了近兩年時間才終於找出問題所在，進行匡正。

但搶先登月的競賽繼續進行。蘇聯人知道美國航太總署在登月計畫的「農神五號」（Saturn V）火箭與登月艙上遭遇困難，認為美國人不可能在六十年代結束前展開行動，最快也要到一九七〇年才能嘗試登月。許多航太總署的人也有同感。而另一方面，美國人也不知道蘇聯在失去柯洛里夫之後遭遇到極大難題，擔心蘇聯會利用一九六八年十二月到來的一個發射窗口展開行動，一旦錯過這個窗口，要到一九六九年過去大半年之後，才適合展開登月之旅。

這扇窗不久打開了，隨後又關上，蘇聯方面卻一直沒有動靜。但就在同一個月，三名美國人成了首先繞月的地球人。「阿波羅八號」（Apollo 8）載著法蘭克・鮑曼（Frank Borman）、吉姆・勞維爾（Jim Lovell）與比爾・安德斯（Bill Anders）繞月球飛了十圈。安德斯拍下那張著名的「地出」（Earthrise）照。那「蒼藍小點」（pale blue dot）在薄薄氣層保護下，懸浮虛空的影像，對眾多看過「地出」的人造成強大心理衝擊，也為萌芽中的環保運動帶來巨大助力。這三名美國太空人都在聖誕夜返回地球前，透過現場電視直播，在阿波羅八號太空艙裡，輪流朗讀聖經「創世紀」：

神說，要有光：於是有了光。
神看到光，認為光是好的：就把光與暗分開了。

無數消息來源指出，十億人看了這場電視直播——大約每四個人就有一個人看了它。這樣的數字或許高得離譜，但毫無疑問，這場別開生面的直播吸引了驚人龐大的觀眾。人類已完成繞月飛行，而且重返地球。真正的主戲即將登場。時間不多了。

「十秒、九、八、七……」這天是一九六九年七月十六日。「阿波羅十一號」（Apollo 11）升空倒數計時開始了。柯洛里夫說得沒錯，倒數計時是一種美國人愛玩的把戲，或許更精確說，是一種美國人與德國人愛玩的把戲。一九二九年福利茲・朗（Fritz Lang，譯按：德國著名導演）在他的影片《月裡嫦娥》（*Frau im Mond*）中，就以人類第一次火箭發射升空倒數計時的場景加強戲劇張力，還在字幕上打出「Noch 10 sekunden」（還有十秒）等，一直數到最後的「Jetzt!」（現在！）。猜一猜誰看了這部電影……一名叫做韋恩赫・馮・布朗的青年。這一幕倒數計時的戲碼讓馮・布朗印象深刻，與電視時代美國人熱衷戲劇誇大的意識也很切合。

在那個時代，世上最戲劇性的奇觀大概莫過於載人火箭發射。想一窺太空人尼爾・阿姆斯壯（Neil Armstrong）、艾文・「嗡嗡」・奧德林（Edwin 'Buzz' Aldrin）與米契爾・柯林斯（Michael Collins）守候在「甘迺迪太空中心發射台」（Kennedy Space Center Launch Complex）時的心情，太空梭太空人麥克・馬西米諾的回憶錄值得一讀再讀：

前後整整六秒鐘，你感受到主引擎點火的隆隆震撼。整個火箭朝前傾了一陣。隨即在零時到來時它又回到原來直立的位置，固態火箭推進器就在這時噴火，你出發了。你在移動，毫無疑問。情況可不是那種「喔，我們動身了嗎？」，沒這回事。你聽到轟轟巨響，你動身了……我感覺科幻小說裡的巨型怪獸從天而降，抓住我的胸部，把我往上拋，越拋越高……這整個過程一言以蔽之，就是管控下的暴力，就是人類創造的最強大的威力與速度的展示。

「農神五號」是人類造出來的最強的發射載具。它分為三節。第一節引擎點火，以每秒消耗一萬八千公斤燃料造成的推力，將這個一百一十一公尺高的火箭推向空中。火箭在還沒有脫離發射塔時，升空時速已超越一百公里。兩分半鐘過後，在火箭抵達距地表六十八公里高空時，第一節燃料耗盡，脫落，第二節引擎點火。六分鐘過後，農神五號來到距地表一百七十五公里高空，開始加速到「軌道運行速度」（orbital velocity）。之後第二節脫落，第三節引擎接手，以兩萬八千公里時速將阿姆斯壯、奧德林與柯林斯送入軌道。

剩下來的往程之旅花了略多於三天時間。一路上，太空人運用一種伽利略不陌生的工具——望遠鏡——與另一種世世代代航海人都知道的工具——六分儀——來比對他們的飛行路線。指揮艙裡那具電腦的運算能力，還不如今天我們用的袖珍計算器。接下來，經過一段扣人心弦的過程，阿姆斯壯與奧德林將登月艙「鷹號」（Eagle）緩緩降落在布滿碎石的月球表面。當「鷹號」著陸時，油箱裡的剩餘燃料只能再燒十五秒鐘。四小時後，阿姆斯壯登月，踏入月球表面「寧靜海」（Sea of Tranquility）一小步，跨出人類歷史一大步。

在遙遠的未來，當許多戰爭、革命、股市崩盤、以及流行疫病事件細節早已為人遺忘以後，只有最為人津津樂道的人類故事才能留名青史，而一九六九年七月二十一日的「登月」絕對是這樣的故事。阿姆斯壯是歷史巨人，但他知道自己站在加加林、齊奧柯夫斯基、高達、奧伯斯、柯洛里夫、馮·布隆、以及千百年來許多偉大科學巨人的肩上。阿姆斯壯也了解這次「登月」對冷戰的意義。他日後說，「我當然知道這是三十、四十萬人經過十年努力、終於達成的成果，當然知道我們全國的希望與名聲在很大程度上取決於這項行動的成果。」「登月」故事背後有許多無名英雄，值得特別一提的是凱莎琳．詹森（Katherine Johnson）與瑪格麗特．漢米爾登（Margaret Hamilton）。凱莎琳．詹森是非常傑出的數學家，她精確算準軌道，讓阿波羅十一號降落月球表面，瑪格麗特．漢米爾登是「軟體工程」（software engineering）一詞創造人，登月艙的控制程式就是她寫的。

阿姆斯壯還知道，就另一種意義而言，他並不孤單——蘇聯人也在他們頭上飛。直到最後一刻，蘇聯還卯足了勁，希望至少能搶先把一部機器送到月球表面，再讓它重返地球。就在阿波羅十一號升空前幾天，蘇聯發射一艘無人登月船。

蘇聯人早在幾個月前已經知道，搶先美國登月的美夢幾乎必將歸於泡影。或者更精確地說，都將為火焰吞噬。甚至在那年涉及巨型N１火箭——與美國農神五號火箭相抗的蘇聯火箭——的兩場災難發生以前，他們在登月計畫進度上已經遠遠落後美國。第一場災難發生在一九六九年二月，N１火箭載著無人登月船從蘇聯哈薩克的「拜科努爾太空發射中心」（Baikonur Cosmodrome launch centre）發射升空，一路攀升約兩分鐘來到距地表約十四公里處，隨即速度放緩，然後墜回地球，在距發射中心一段距離處墜毀爆炸。

七月初，就在阿波羅十一號發射日兩週前，蘇聯人又試了一次。一些中階官員也曾試圖將登月計畫遭遇的一連串潛在難題向高層示警，但遭到封口令。莫斯科的政治局聽到的，都是政治局高層喜歡聽到的。這一次N１火箭與登月船只升到離地一百公尺高處就似乎僵在半空，隨即翻轉傾斜，墜落地面爆炸。發射中心設施大多被毀，位於中心三十五公里外技術人員宿舍的窗戶也被炸碎。

就算阿波羅十一號任務失敗，蘇聯也無法搶佔先機。重建N1發射中心得花一年多時間。但蘇聯仍有「質子K」（Proton K）運載火箭與一個能夠登陸月球、然後離開月球的登月船。他們可以在登月船上面裝設電信系統、一部蒐集月球土壤的鑽孔機與一個攝影機，搶在阿波羅十一號之先發射、收回。第一個收回登月船或許不能像「第一個登上月球的人類」那樣吸睛，但多少能沖淡一些美國人即將達到的宣傳效果。

就這樣，在阿波羅十一號從甘迺迪角（Cape Kennedy）升空三天前，「月神十五號」（Luna 15）從拜科努爾發射升空。美國人不知道這次升空目的何在，但蘇聯人知道這場競賽還沒完。月神十五號先在飛行途中遭到技術問題，之後又在繞月運轉時失去更多時間，技術人員發現它的登月軌道可能讓它因落在崎嶇地形而墜毀。技術人員兩次延後登月進程，遂與阿波羅十一號登月進程撞期。

當蘇聯科學家充滿信心、讓月神十五號登月時，阿姆斯壯與奧德林已經走出登月艙，開始「月球漫步」，蒐集二十二公斤的月表土壤與岩石，插上美國國旗，當著全球十億餘電視觀眾面前與理查．尼克森（Richard Nixon）總統講話，回到太空艙。在阿波羅十一號從月球起飛、準備返航前兩小時，這時來到五十秒軌道的月神十五號開始降落了。

精彩大戲繼續上演，守在「喬德雷．班克天文台」（Jodrell Bank Observatory）的英國科學家一直透過「射電望遠鏡」（radio telescope）監聽來自美、蘇雙方太空中心的電訊。莫斯科方面傳出訊號，月神十五號可能準備登陸了。從喬德雷天文台的錄音中，可以聽到一名科學家以絕對英式的語氣叫道，「它在降落了！……我得說，這可真是最高階的大戲。」

但與其說它「降落」，不如說它「墜落」。它以一個角度切入。數據顯示，月神十五號在發出最後訊號時，位於距離月球表面約三公里處。它或許以大約四百八十公里時速墜入一處山腳。墜落位置在「危機海」（Sea of Crisis）。沒隔多久，阿姆斯壯與奧德林起飛，留下一個紀念章，上面刻有加加林與其他在太空競賽中喪生的多位太空人的姓名。

在甘迺迪訂定登月限期的兩千九百八十二天之後，美國人登月成功。距離時限屆滿還有一百六十一天。

比賽終於結束。美國人贏了，蘇聯人只好假裝說這是美國人唱的「獨角戲」——蘇聯根本沒有與美國進行太空競賽。克里姆林宮不屑地說，身為全球工人守護者的蘇聯，永遠也不會把人民的錢浪費在這種昂貴、危險的龍套活動上面。莫斯科電台在對安哥拉人民共和國、古巴共和國與越南民主共和國這類馬列盟邦發表的訊息中強調，美國「瘋狂揮霍從開發中世界榨來的民脂民膏」，阿波羅十一號登月就是證明。

儘管與事實證據相反，一些耳軟的西方人士仍然信了蘇聯這套謊言，直到一九八九年蘇聯「開放」（glasnost），謊言才徹底揭穿。一九八九年，一組美國航太工程師應邀往訪莫斯科的「航天研究所」（Aviation Institute），參觀蘇聯當年為了搶先美國、將人送上月球而建的登月船。《紐約時報》隨後在頭版刊文，標題是「蘇聯現在承認登月競賽」。在一九六四年，《紐約時報》曾說，「這已經成為只有一個國家參加的競賽，現在取消這場比賽還來得及。」

一九六九年以後，蘇聯漸漸認定，只能當個老二不值得花那麼多錢。宇航員訓練計畫被刪，但火箭工程師計畫繼續進行。一九七〇年代的一項登月計畫證明蘇聯一直沒有放棄，但也證明它確實技不如人。誠如《真理報》記者雅洛斯拉夫．戈洛法諾夫（Yaroslav Golovanov）日後所說，「為了不讓任何人趕上我們，我們必須保密。但之後，當別人真的趕上我們了，我們又得保密，不讓任何人知道我們已經被趕上了。」

美國隨後完成六次載人飛行，總共將十二名太空人送上月球表面。一九七二年十二月十四日升空的「阿波羅十七號」是最後一次登月計畫，迄今人類再也沒有重登月球。太空計畫耗掉美國三百億美元，越戰打得如火如荼，大城市發生反戰暴亂，美國民眾對登月已經興趣缺缺了。

美國與蘇聯領導人——尼克森與布里茲涅夫（Brezhnev）——削減了太空預算。在冷戰期間出現的一次小小的和解過程中，兩國還決定展開聯合行動，讓一艘聯盟號與一艘阿波羅號在太空會師。一九七五年，聯盟號宇航員與阿波羅號太空人果然在太空會師，兩組人員穿過齊奧柯夫斯基早在二十世紀之初已經設計成功的那種氣密艙，進入對方太空船互訪，還交換了禮物。之後，美、蘇兩國開始聚焦於太空梭與環軌太空站。

月球呢？當然，月球還在那裡。美國人當年登月時留下來的三輛「月球車」（Moon buggies），以及為了空出位置將月球土壤與岩石樣本運回地球，而遺棄的工具與電視裝備，也仍然還在那裡。或許有一天，人類會在月球上建一個博物館，收藏這些東西，以及其他許許多多散佈在月球表面的雜物，包括幾面美國國旗，以及阿波羅十一號豎立的一塊牌子。牌子上寫道：「來自行星地球的人類就在這裡第一次踏上月球。一九六九年七月。我們為謀全人類和平而來。」

阿波羅十五號太空人大衛・史考特（David Scott）為紀念伽利略在十六世紀的實驗，而帶到月球上的一把鎚子與一根羽毛也遺在月球表面。據說，伽利略當年從比薩斜塔上丟下兩個重量不同的東西。史考特說，伽利略這項實驗對登月任務很有幫助。當他將一把鎚子與一根羽毛拋落月表時，電視機前觀眾看到這兩個東西以等速落在月表。史考特帶到月球的這根羽毛，來自代表美國空軍官校（Air Force Academy）吉祥物的一隻名叫「巴金」（Baggin）的獵鷹。

遺在月球表面的還有兩個高爾夫球。謝巴德把一支高爾夫球桿的頭摘了下來，裝在一件工具上帶上阿波羅十四號，飛入歷史。所有這一切訴說著太空探險的浪漫，不過還有一些不怎麼浪漫的東西也留了下來：太空人留下來的約一百袋大小便。日後這座月球博物館，或許還能再擺一些東西，不過一定裝不了多少了。

那麼，除了雜物以外，登月之旅成就了什麼？我們可以從地緣政治角度探討這個問題——在歷經數十年的冷戰中，太空競賽是一場重要戰役。憑藉科技與金錢優勢打贏這戰役的一方，給了另一方一記心理重拳。有人說，冷戰「不發一槍一彈」就打贏了。鑒於冷戰在全球各地衍生的許多代理人戰爭，所謂「不發一槍一彈」當然不實。不過除了這些代理人戰爭以外，登月之戰也扮演了重要角色。

雙方都因「登月」而在科技上突飛猛進，為更廣義的太空競賽奠下基礎。為了登上月球以及重返地球，雙方都在相關工程上投入巨大人力物力，造成電腦科學、電信、微科技與太陽能科技的迅速進展。今天我們使用的輕便潔水系統，就來自航太總署當年的發明。全球各地消防員使用的輕便呼吸面具以及防熱衣，同樣來自航太總署當年為登月而完成的科技突破。LED燈與記憶膠棉床墊也都能或直接、或間接追溯到太空競賽時代發明的科技。

但無線耳機與呼吸面具都不過是歷史的次要細節而已，就連冷戰終有一天也會埋葬在歷史塵埃中。據估計，曾經生活在地表的人類不下一千一百億，幾乎每個人都曾仰頭望月，心怡神馳。但只有十二個人曾經上過月球。阿姆斯壯登上奧德林稱為「偉大荒原」（magnificent desolation）的那一刻，絕對是人類史上永不磨滅的大事。

第二部
就在這裡，就是現在

PART 2 RIGHT HERE, RIGHT NOW

第三章　天體政治時代

「第一天，我們都指著我們的國家。到了第三或第四天，我們開始指著我們的洲。到第五天，我們看到的就是一個地球。」

——蘇丹・賓・沙曼—邵德（Sultan Bin Salman al-Saud），太空人

許多人仍然認為太空「遠在天邊」，是「未來的事」。但它就在這裡，就是現在——太空時代已經在我們指顧之間。

太空競賽的主軸就在於新構想、決心與努力。現在我們要主張我們在太空的權益了。歷史告訴我們，隨著越來越多國家加入這場競賽，競爭與合作是我們面對的必然課題。總有一天，地球上的敵對、聯盟與衝突也會出現在太空，所謂「勢力範圍」、甚至領土主張都將勢所難免。從「衛星帶」（satellite belt）到月球、到月球以外，處處是機會，已經成為軍方與民間業者矚目的焦點。

「天體政治」（astropolitics）時代已經降臨。

十九與二十世紀的偉大「地緣政治」（geopolitics）理論家，例如奧夫瑞・賽耶・馬漢（Alfred

二〇〇九年十一月十六日，亞特蘭提斯號太空梭（Atlantis）自佛羅里達州甘迺迪太空中心升空，前往國際太空站。（圖片來源：Wikimedia Commons）

Thayer Mahan，海權論）與哈佛．麥金德（Halford Mackinder，陸權論），在評估一個國家能做到、不能做到什麼，以及這些能力對國際關係的衝擊時，會將位置、距離與補給因素納入考量。因此河谷、溪流與山脈便成為我們相互交換、或爭戰的條件。

「天體政治」運用的原則也差不多。像「地緣政治」一樣，天體政治的基礎也在地理條件。外太空並非一片蒼茫，全無特色——它有可供導航定位的高輻射活動區，有浩瀚無垠、需要跨越的空際，有星球引力可以讓太空船加速的超級公路，有可以安置軍事與商用裝備的戰略走廊、還有富藏天然資源的土地。所有這些條件都吸引大國，讓大國想方設法建立、維護優勢。隨著列強虎視眈眈、準備瓜分太空，重要的問題出現了。太空中哪些戰略位置最有用？哪些星球可能有水源或礦物？它們的大氣密度如何？有沒有可供我們進行殖民的星球？

想了解天體政治，必須先了解太空地理。

太空地理從地球開始，因為我們首先得找出升空的途徑。自阿波羅登月時代迄今，前進太空需用的成本與心力投入無疑減輕許多，但如果你想成為一個航太國——或公司——除了需要一大筆錢以外，你還得擁有火箭發射能力，或找到一處願意與你合作、幫你發射火箭的適當地方。

所以，我們得先找一處最適合發射火箭的出發地。不妨把它想成船隻啟航的港口。最有利的火箭發射位置，是最能利用地球自轉速度、以最快速進入太空——以節省燃料——的位置。也就是說，這個位置應該接近赤道，因為在赤道上，地球自轉速度最快（約為每小時一千六百六十九公里）。美國的甘迺迪太空中心發射台設在佛羅里達，因為這裡是美國本土最接近赤道的地方，地球自轉速度為每小時一千四百四十公里。歐盟（EU）將發射中心設在南美洲的法屬蓋亞那（French Guiana），俄國設在哈薩克，原因都在這裡。地球由西向東旋轉，所以火箭也往東方發射，這樣才能借用地球自轉之力，節省燃料與時間。同樣重要的是，燃料耗盡的火箭推進器必須墜落在人煙罕至地區——這是發射台多半位於東海岸的原因。

在理想情況下，一個太空國還得大到擁有足夠專業、工程、科技、稀土金屬資源，才能讓它的太空計畫不需要重大外來支持；而且它的人民還應該投入太空計畫，對科技發展的價值充滿信心。此外，國家越大，從本土可以望見的空際越廣，想要追蹤人造衛星與太空船——無論對方友好、或不友好——也更加簡便。

綜上所述，正在太空進行大規模軍事與民用介入的中國、美國、俄國，是目前最主要的太空大國。歐盟如果採取參與競賽的長程戰略選項，可以加入它們；印度也有類似潛能。

在找到從地表升空的途徑之後，我們現在穿過雲端，迅速超越商用飛機典型的最高巡航高度——距地表約十二公里。再攀高六十公里，我們已經接近太空。根據航太總署的定義，從海平面以上八十公里高度起就是「太空」——在這以下都屬於地球。但根據總部設在瑞士、負責規範航太記錄的「國際航空聯盟」（Fédération Aéronautique Internationale）的規定，距離地表一百公里以上的高空才屬於太空。這條百公里高度線是所謂「卡門線」（Kármán line），一旦飛越這個高度，飛行器會開始脫離地心引力。我們隨即進入「地月空間」（cislunar space）——從地球到三十八萬五千公里外的月球這一整段空間，都屬地月空間。「cislunar space」一詞源於拉丁文，意為「在月球這一邊」。

所謂「低地球軌道」(low Earth orbit)位於距地表一百六十公里到兩千公里處，一旦進入這個軌道，你有機會瞥見在平均高度四百公里的軌道運行的「國際太空站」(International Space Station)。自史普尼克升空以來，在相當程度的政治操弄下，這個地區已經有很大變化。在一九三三年，美國、俄國、歐盟、日本、加拿大太空機構達成協議，決定打造一座國際太空站以溝通政治與文化分歧。一九九八年，俄國把國際太空站第一塊模組送上太空，兩年後，太空站初具規模，可以容納更多人員。從那以後，一百五十幾名美國人與五十幾名俄國人曾共用太空站生活區與科學實驗室，與他們共享這些經驗的還有幾十名來自其他國家的太空人，包括十一名日本人、九名加拿大人、五名義大利人、法國與德國各四人。另有一些國家，包括比利時、巴西、丹麥、英國、以色列、哈薩克、馬來西亞、荷蘭、南非、韓國、西班牙、瑞典、阿拉伯聯合大公國，也派員進入太空站，參與進行中的科研工作。根據記錄，在最熱鬧的一次，同時有十三國人員一起在太空站上生活、工作。莫斯科與休士頓的任務控制中心負責接送這些人員往返，一般使用俄國的「聯盟」太空船。太空合作可以帶來巨大成就，國際太空站就是這種合作的象徵。可悲的是，國際太空站已經即將達到壽命極限，預定於二〇三〇年除役；它將墜入太平洋一處叫做「尼莫點」(Point Nemo，譯按：Nemo源自拉丁文，即「無人」之意)的人跡罕至的水域，與魚群共眠。

不過，即使沒有國際太空站，在這個空間來來去去的東西還是多得令人目不暇給。低地球軌道是一處誘人的資產，因為大多數的人造衛星都在這個軌道上運作。沒了這些衛星，國際通信網路與全球定位系統都將無法存在。一旦這些衛星遭到干擾、破壞或摧毀，為你送日用雜貨的貨車找不到你，警、消與救護車會走失，船隻會迷航，英國這樣的工業化經濟體曾經因此一天損失估計約十億英鎊。對現代生活而言，這些衛星的重要性不能輕估，而它們的軍事功能更是現代戰爭成敗的關鍵。

現代人造衛星有各式型狀與重量，有的小衛星與「魔術方塊」一樣大小，只有一點三三公斤重，也有重達一千公斤、作為業界傳統主力的大型衛星。大多數的衛星都有太陽能板以汲取太陽能，還有保護電子設施免於極端高熱損傷的防熱板。所有的衛星都有一個通信系統，一部用來監測高度、方位等多項數據的電腦，以及一種推進手段，以便一旦偏離預定軌道時可以修正航線。

衛星搭在火箭上升空，進入軌道。這些運載火箭會垂直發射升空，以求盡快穿透大氣層，以節省燃料消耗。它們大多順著地球自轉方向，由西往東飛。沿北極到南極軌道飛行的人造衛星較少，因為使用這種發射方向，得消耗更多燃料才能進入軌道。使用這種南、北向軌道飛行的，大多是用於地圖測繪、天候偵監的衛星，環軌一周約需九十分鐘。這種觀測衛星的轉向與地球不同，它會以分段方式進行地球觀測，彷彿地球是一個巨型淡藍色蜜橘一樣。整個地球表面可以在二十四小時內觀測完成。

由西向東標準型繞軌的衛星，環繞地球一圈需要九十分鐘到兩個小時之間，視它們距離地球遠近而定，每一次繞行只會在目標區上空停留幾分鐘。這類衛星一般採取集體行動，結成「星群」，以建立一個「網」，而且往往彼此通信，與地面控制台聯絡，以建立不間斷的覆蓋。美國的「全球定位系統」（GPS）使用二十四顆衛星以等距散佈地球上空，以達到這個目標。

為取得衛星影像，最通常使用的是低地球軌道：由於距離地表相對較近，取得的影像也較清晰。以軍用等級衛星攝影機為例，鏡頭捕捉能力之強令人驚嘆。一般衛星的解析力約為一公里，也就是說，比一公里小的東西就看不見了。對負責測量海面溫度的民用氣象衛星而言，這樣的解析力沒問題，但要指認傑森．伯恩（Jason Bourne，譯按：美國驚悚影集《神鬼系列》中的要角，為中情局頂級特工）是否走出一棟建築物，就辦不到了。解析力超過五十公尺就是低解析力。現代高端軍用衛星解析力大約只有零點一五公尺，所以，現在你可以看得出伯恩戴的是什麼牌子的墨鏡了。基於安全理由，法律禁止這種軍用監偵科技的商業交易。不願遭到監視的人，當然很想知道有沒有監控衛星，如果有，這顆衛星在哪裡，或它什麼時候飛越自己的頭頂。有些監控衛星肉眼可見；還有些得有專業知識才能查出它們的位置。

就戰略層面而言，低地球軌道是潛在的「窒息點」（choke point）。我們都知道蘇伊士運河（Suez Canal）與荷姆茲海峽（Strait of Hormuz）是地表「窒息點」：這兩個位置的海道都很狹窄，可以輕鬆封鎖。用地表上的「窒息點」比喻低地球軌道雖說並不精確，但很有用。你必須保衛你的發射中心，才能展開太空探險，基於同樣道理，你必須確保你能享用低地球軌道衛星提供的通信線，還必須有能力穿越低地球軌道，航向浩瀚的宇宙「海洋」。

在繼續攀升的太空旅途中，我們得避免在「范．艾倫輻射帶」（Van Allen radiation belts）徘徊。范．艾倫輻射帶是兩個甜甜圈狀地區，從地球往外延伸數千公里，其中藏了許多被地球磁場困住的高能粒子。這些高能粒子的輻射濃縮度不一，但在有些地方，它們可能高得足以破壞太空船上的電子儀器，而且曝露過久，它們還能打散人體細胞的「化學鍵」（chemical bonds）。

在大約距地表兩千公里處，我們進入「中地球軌道」（medium Earth orbit），一直到距地表三萬五

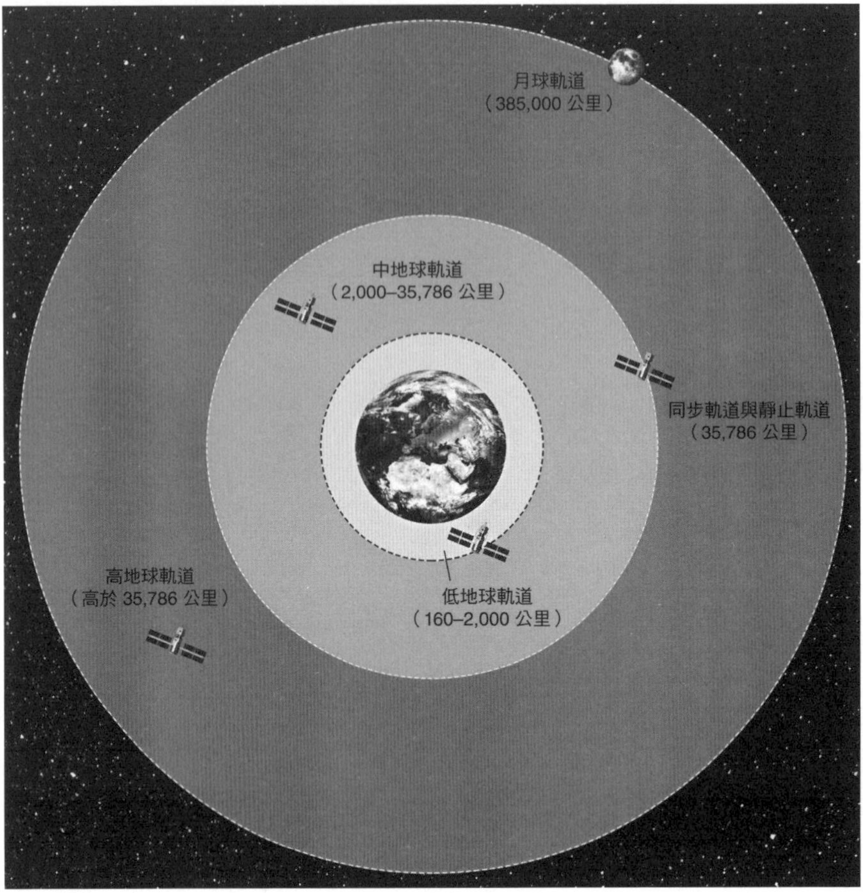

人造衛星繞地球運行的各種軌道（比例未按實際縮放）。

千七百八十六公里處，都屬於這個軌道。這裡的衛星環繞地球運行一圈得花大約十二小時。許多中軌衛星為地球提供定位與導航服務。這類衛星攜帶根據原子振動計時的原子鐘。據說原子鐘非常精準，經過千百萬年也不會有一秒鐘誤差。中軌衛星將無線電訊號（以光速）送到地球上的接收器——包括你的智慧手機或車用衛星導航系統上的接收器。你的位置就這樣曝露，你的車子因此知道它已經開到哪裡，知道怎麼往哪裡去。通常是這樣的。

再往上攀升，就是「高地球軌道」（high Earth orbit），首先是距離地表三萬五千七百八十六公里的「同步」（geosynchronous）與「靜止」（geostationary）軌道。這兩種軌道唯一真正的差異就在於，同步軌道的衛星可以透過任何傾角環繞地球，而靜止軌道上的衛星只能繞赤道運行。

對通信衛星來說，低地球軌道是艱困地區，因為它們運行速度過快，地面控制站很難追蹤，但來到高地球軌道以後，衛星運行速度與地球轉速一樣，所以衛星始終處於地表同一位置上空。如果你能從地表看到這樣的衛星，你會覺得它似乎靜止不動。單是一顆這樣的衛星就能觀察到百分之四十二的地球表面。軍事通信和攔截衛星，與電視、電台、一些長程氣象衛星在這裡共存。這裡交通也很繁忙，但與低地球軌道相比仍然清淡得多。由於信號干擾，高地球軌道的「缺額」不多，能供衛星通信的頻道也有限。聯合國「國際電信聯盟」（International Telecommunications Union）負責管制高軌位置與頻道，你不能隨意把太空船送進高軌，停在那裡。

美國就在這裡佈署了六個兩用「先進超高頻衛星」（Advanced Extremely High Frequency Satellites），進行與美軍戰機，與英國、荷蘭、澳洲、加拿大軍方，以及美國核戰預警系統的通信。俄國的預警系統

「聯合衛星通信系統」（Unified Satellite Communication System）也佈署在同一軌道。據信，中國的部分「北斗」系統也在這裡做同樣的事。

深入高地球軌道就來到許多衛星的墳場。當衛星年事已高，即將壽終正寢時，內建的推進器會把它推出同步軌道，深入太空，確保它不致對其他衛星構成危害。

地表上空活動越來越頻繁，而且還會更頻繁。在十一個擁有（或曾經擁有）發射能力的國家協助下，八十幾個國家已經跨出地球大氣，將衛星送進太空。中國、美國、俄國是最主要的太空大國，日本、印度、德國、英國也在角逐領先地位。突尼西亞、迦納、安哥拉、玻利維亞、祕魯、寮國、伊拉克與其他幾十個一般與環軌衛星扯不上邊的國家，也在嘗試將自己的衛星送入軌道。這些衛星有許多是由民營公司、而不是由國家發射的。根據「憂思科學家聯盟」（Union of Concerned Scientists）的數據，正在地球軌道運行的衛星遠遠超過八千個，其中約六成是運作中衛星，而且今後還會有更多、更多衛星進入地軌。當然軌道空間很大，再增加幾十萬顆衛星也沒問題，不過每增加一顆衛星，撞擊與爆發直接衝突的危險性也增高一分。

再往深處飛，「拉格朗日點」（Lagrange points，又稱為「平動點」）是對衛星具有關鍵性意義的所在。這裡是太空「停車場」，兩大相互繞行的星體的引力拉扯在這裡平分秋色。也就是說，第三個、較小的物體，例如衛星或太空船，可以「飄浮」在這裡，用最少的燃料保持位置不變。也或者未來有一天，你可以毫不擔心地把你從小行星挖來的礦，或把建造太空站所需的裝備寄放在這裡，知道等你回來時，它仍在原地。

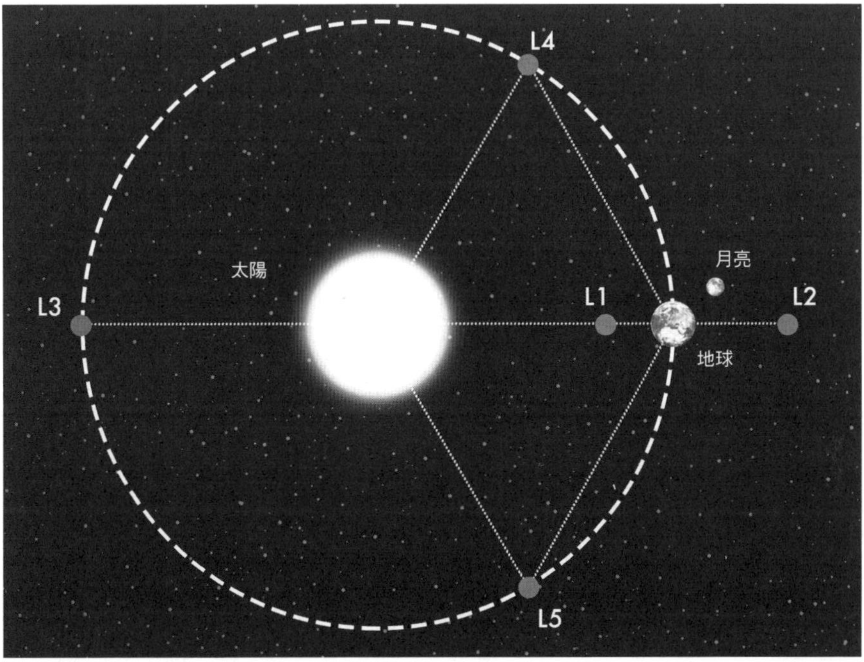

地球—太陽系統的拉格朗日點（圖中比例未依實際呈現），是適合部署人造衛星的有利位置。這些點存在於所有的二體系統中，例如地球與月球。

每一個雙星體系統——例如太陽／木星系統——都有五個拉格朗日點，但我們最關心的是地球／太陽、以及地球／月球的拉格朗日點。地球／太陽的L1（一號拉格朗日點）或許遠在一百五十萬公里之外，但它最接近「太陽與太陽圈觀測站」（Solar and Heliospheric Observatory，簡稱SOHO）。SOHO從安全（還算安全）距離外，不斷盯梢著太陽。詹姆斯・韋伯太空望遠鏡（James Webb Space Telescope）於二〇二二年抵達L2，這個望遠鏡由於背對太陽，地球與月球，能將遙遠的太空深處一覽無餘。只需稍加調整，幾乎不用燃料，就能讓它今後二十年繼續留在L2。

L4與L5還沒使用，沒有人在意L3，因為L3藏在太陽另一面。但科幻小說作家已經把握這個題材，想像太陽背面也有一個同樣的地球，一九六九年又名《太陽另一面之旅》的德國電影《分身》（*Doppelgänger*），最能將這構想發揮得淋漓盡致。在這部影片中，勇敢的地球太空人以為自己安全返航，回到德國，直到……他發現這裡的人寫字都是倒著寫，而且最糟的是開車也開錯了邊，像是到了俄國一樣。

回到現實世界（我想應該是吧），在地球／月球系統中，由於能在接近月球的地方建立「門戶」太空站，L1與L2可能都會很重要。特別是L2尤其重要，因為它位於月球背對地球的一面，能提供「無線電靜默」，也就是說，科學家可以不受地球通信干擾，專心研究宇宙。這些拉格朗日點具有戰略優勢，可能成為競爭對象。所幸它們幅員廣大——約有八十萬公里寬——暫時沒有粥少僧多之虞，不過在這些地區運作的太空國都會相互盯著彼此。

L3由於位於地球到月球的另一面，用途較少。L4與L5目前同樣還沒使用，但由於距離地球相對較近，已經有人討論日後作為太空殖民地的可能性。一九七〇與一九八〇年代有一個叫做「L5社團」（L5 Society）的組織，這名字聽起來有些古怪，還有一絲「抗議社會不公」的味道，但實際上它是一群嚴肅的科學家組成的團體，目的在鼓吹普林斯頓大學（Princeton University）物理學教授吉拉德．歐奈爾（Gerard K. O'Neill）的構想。L5社團還很有幽默感，從它成立之初發表的信函就能看出來：「我們有一個講得明明白白的長程目標，就是要在L5舉行群眾大會，解散這個社團。」一九八六年，L5社團與它的一萬名會員，與歐奈爾建立、擁有兩萬五千名會員的「國家太空研究所」（National Space Institute）合併。

我們這趟登月之旅的最後一站是月球本身——距離地球三十八萬五千公里，僅僅一點三光秒之遙——光從月球照到地球上只須一點三秒。如果以一百公里時速前進，不到一個小時就能從地球進入太空，不過進入太空以後得花六個月時間才能抵達月球。迄今為止，最快的月球之旅是「新視野號」（New Horizons）太空船以八小時又三十五分完成的一次旅途，但大多數載人的飛行器需要花大約三天時間。

月球的表面與形狀現在已經完成測量。月球有高山、山脊、峽谷、平原與巨型洞穴，景色令人嘆為觀止。它的表面面積不到三千八百萬平方公里，比非洲略大。前後幾近十億年間，月球不斷遭到流星撞擊，有些流星大到在月表造成多環坑洞與山脈，我們僅憑肉眼就能從地球看到它們。我們還可以看到光亮區與黑暗區——即高地與「Maria」。「Maria」源自拉丁文，意即「海」，因為早年天文學者認為這些地區是「海」。實際情況是，流星撞擊造成火山活動，導致岩漿流在月表。它們看起來比較黑，因為火山岩含鐵量高，比較不容易反映日光。當阿波羅十一號一九六九年在「寧靜海」登陸時，科學家已經知道寧靜海不是海，登陸不會弄得水花飛濺。如果你在清朗的夜晚（站在北半球上）望向一輪明月，你可以看到位於月球中心偏右、八百公里寬的寧靜海。月表其他地區稱為「terrae」（土地），上面有山脈，有些山脈高出平均海拔五公里。

最新證據顯示，月表一些大型火山口內有金屬氧化物蘊藏。一般認為，這是因為流星撞擊月球，把藏在月表下的物質翻了出來。果真如此，則月表地下深處可能藏有極豐富的金屬氧化物。許多人認為，月球擁有豐富的矽、鈦、稀土金屬與鋁礦。人類必將在月球上多花時間，挖掘這些重大現代科技需用的金屬。許多國家很有登月採礦的動機，特別是那些不願依賴中國的國家尤然。中國目前擁有全球已知這類金屬礦藏的三分之一。

月球可能還擁有大量能源，不但足敷人類殖民月球之用，還能輸回地球。這種潛能主要有賴於「氦」（helium）。這是一種稀有貴氣體，元素名「helium」源自希臘文「helios」，意為「太陽」——因為「氦」來自太陽。地球上發現的「氦」，有百分之九十九以上由同位素helium-4組成。氦氣用處多多，不僅兒童園遊會愛用氦氣氣球，飛機輪胎與汽車安全氣囊使用氦氣，它還在「磁共振成像系統」（magnetic-resonance imaging systems）扮演重要的冷卻角色。但helium-4不是helium-3，而helium-3才是我們要找的。

就理論而言，helium-3可以用來創造「核融合」（nuclear fusion）——「核融合」能生產比「核裂變」（nuclear fission）更多的能量，而且沒有輻射性，是能源生產的終極目標。在地球上，只有約百分之零點零零零一的氦（helium）是helium-3，但在月球上，helium-3的儲藏量可能高達一百萬噸。這是因為月球沒有大氣層，幾十億年來太陽風的不斷吹襲，遂在月球表面積下厚厚一層helium-3。

中國「繞月探測工程」首席科學家歐陽自遠認為，能夠駕馭helium-3，就可以「解決人類今後約一萬年的能源需求」。這是高瞻遠矚的思考，但這句話也將今天能源危機與氣候變化問題的嚴重性曝露無遺。科學家還無法精確算出多少helium-3可以生產多少能源，但根據評估，一噸helium-3的能源產能可能等同五千萬桶原油。

科學家投入核融合反應爐的研究已有四十年，如今雖已建立若干基本原型，但除非能有出人意料的突破，核融合應是二十一世紀三十年代才能應用的科技。登月採礦的科技也同樣尚處於摸索階段，但進程已經展開。

另據信，月球上有水。月球赤道南方約兩千七百公里是「南極—艾肯盆地」（South Pole–Aitken basin）。這個盆地寬兩千五百公里，深十三公里。盆地裡面有高山，其中有些山由於月軸傾斜，百分之八十時間沐浴在陽光下。一八〇〇年代末期的科學家認為這些高山可能永遠光亮，因此稱它們為「永恆之光群峰」（The Peaks of Eternal Light），但今天得知的證據似乎顯示，即使是其中最高的山有時也會暗下來。但位於這些山的附近，有許多很深的火山口，以淺角度射來的陽光永遠照不到它們較低處。這些終年不見陽光的位置，是已經觀察到的太陽系中最冷的地方。根據記錄，它們的溫度最低可到零下兩百三十八度，比冥王星表面溫度還低。這些冰封的洞穴中有冰晶，冰晶中有氧，有氫；你可以用它們製作火箭燃料。

如果你能把這些冰晶移到表面，通上電流，就能將它分解成液態氧與液態氫。當然事情沒這麼簡單，不過狀況大底如此。根據若干估計，月球南、北兩極各有一百億噸的冰，這可能是非常理想的狀況。由於引力差異，相較於從地球發射火箭，從月球表面發射火箭需用的燃料少得多。所以一旦基礎設施建立，如果「環軌車庫」可以提供補給，從地球到月球的旅行不必再為回程燃料問題發愁。航太總署的巨型SLS「太空發射系統」火箭，從地球到低地球軌道需要燒掉八十萬零兩千五百加侖燃料，相當於在大約九分鐘內耗盡一點二個奧運游泳池的燃料。月球表面成為長程太空任務的理想發射基地，這是一個原因。

月球以外的地理環境如何？我們面對的極限可以說無窮無盡，換言之，根本沒有極限。但在可以預見的未來，載人太空船不會需要比火星更遠的地圖。而且就算只到火星，大概最快也得等到二〇三〇年代才有可能辦到。與廣袤無垠的太空相比，我們太陽系的行星彼此距離都還相對較近，但儘管我們已經擁有可以抵達所有這些星球的工具，就目前而言，訪問這些星球仍然超過我們的能力範圍。木星（Jupiter）距離我們七億一千五百萬公里，土星距離十四億公里，海王星距離四十四億公里。不過「比登火星還難」這句話逐漸過時了。航太總署的「水手四號」（Mariner 4）於一九六五年飛抵火星上空，成為第一個飛越火星的太空船。之後其他太空船進行了火星環軌飛行。一九七一年，蘇聯的「火星三號」（Mars 3）登陸火星，傳回一些模糊的訊號前後十四秒鐘，之後訊號中斷，從此再無音訊。五年後，航太總署的「維京一號」（Viking 1）抵達火星，在「金色平原」（Golden Plain）西坡登陸，將第一幅火星表面的照片發回地球。現在火星是太陽系中測量得最好的行星之一，也是經探測船探勘的唯一行星。

最新型的太空船可以用大約三個月時間抵達火星，載人火星之旅已經在計劃中。SpaceX（全名「太空探險科技集團」（Space Exploration Technologies Group））執行長、億萬富豪伊隆・馬斯克（Elon Musk）說，他要在二〇二〇年代結束前把人送上火星，還說這趟旅途的時間約為八十天，或更少。科技變化腳步如今確實比過去快得多，但馬斯克這番豪語仍然似乎不切實際。時機至關重要。地球與火星的平均距離為兩億兩千五百萬公里，但就像與所有的行星一樣，距離會隨軌道週期變化而改變。地球與火星的距離最接近時為大約五千四百六十萬公里，最遠時可達四億公里。SpaceX這趟火星之旅可能選在這個紅色星球較接近地球時升空。這意味，就我們地球人來說，目前為止，我們的眼光最遠也只能盯在火星上了。有一天我們將在火星上補充燃料，從火星「跳星球」前進其他目標，最後一探太陽系深處。但就目前來說，至少今後數十年，這樣的工作仍然只能委交機器人代勞。

但月球已經在我們力所能及的範圍內，幾個太空大國都在積極設法，要盡快在月球建立據點。沒錯，在月表開礦、加工處理是無比艱難的工程；沒錯，用helium-3創造「核融合」可能仍然只是理論；沒錯，時機與預算可能稍縱即逝，但你又怎能一旁袖手、眼睜睜看著競爭對手遙遙領先，讓自己一旦有一天理論成為事實，只有出局一途？氦與水都是不能再生的資源，被對手挖出來、加熱處理就沒了；你不能再等十億年，讓太陽風再在月球表面造出這樣的東西——這是「先到先得」的競賽。就財務模式而言，還找不出什麼道理，不過我們在第一次上月球時，為的也不是賺錢。五百年來的人類史就是一部「新世界」的探險與開發史。而太空正是等待我們探險與開發的「新世界」。

基於信譽、商業與戰略等幾個理由，我們會接受這些挑戰。就像海權國家在之前幾個時代享有的優勢一樣，成功殖民月球也能為國家、或國家聯盟帶來類似優勢。取得主控優勢的大國可以用佔領與警察手段阻礙對手，讓對手無力競爭。只有主控大國的衛星，才能直視靜止與低地軌道。鋪路、奠基的國家將訂定標準，其他國家得遵照辦理。誰能率先在月球建立基地，誰就能優先取用月球財富，將財富送回地球。

太空超級強國如果可以主控離開地球的出發點，以及飛出大氣層的路線，就能阻止其他國家參與太空旅行。它如果能控制月球，它就能壟斷月球資源財富，成為唯一一個能以月球為基地，進一步深入太空的國家。它如果能主控低地軌，它就能支配衛星帶，用衛星帶控制世界。

美國空軍「空中指揮與參謀大學」（Air Command and Staff College）戰略教授與《天體政治：太空時代的經典地緣政治》（*Astropolitik: Classical Geopolitics in the Space Age*）一書作者艾夫雷．道爾曼（Everett Dolman），是全球頂尖的「天體政治」理論家。道爾曼教授說了一句天體政治最膾炙人口的名言：「誰控制低地球軌道，誰就能控制近地空間（near-Earth space）。誰控制近地空間，誰就能控制地球。主控地球的人能決定人類命運。」

控制這些空間的誘惑也因此不斷升溫。三個主要太空國都在加緊角逐，全力投入一場武器競賽，讓另兩個大國無法取得主控。這種局面讓其他國家也不得不考慮本國的軍事選項。日本、法國與英國都已經宣布成立自己的軍用太空指揮部。

這裡面有一個盡人皆知的客觀邏輯。你若擁有射程更遠的弓〔詳見「阿金庫」（Agincourt）之戰，譯按：英王亨利五世於一四一五年在此擊敗兵力數倍於己的法軍）,我就得研發更好的盾，同時加強我的弓箭射程。在過去的時代，除非擁有自衛或攻擊敵人的手段，指揮官不會冒然派兵上戰場送死——在今天，每個國家都依賴預警系統偵測核武器的發射，而作為預警系統重要部分的衛星，已經成為決定勝負的關鍵。在今天，失去這樣的衛星能使一個國家陷於險境；不能把衛星送進太空的軌道帶，會讓日子非常難過。任何一個依賴衛星發動戰爭、依賴衛星提供預警的國家，都不會任由本國衛星遭到攻擊，都不會放棄攻擊敵國衛星的能力。

我們目前擁有的太空活動「法規」，不過是指導原則罷了。科技與不斷變化的地緣政治現實已經凌駕這些原則。隨著軍用與民用太空平台——包括開礦、太陽能項目、科研工作與太空旅遊等等——數目不斷增加，太空正逐漸成為一處擁塞的二十一世紀環境，我們得在太空建立二十一世紀的法律規範才行。

所謂太空是全球「公域」的構想正漸趨幻滅。這是一場賭注很高的豪賭。我們需要一套新規則，需要更清楚地認識太空。我們有八十億個理由必須這麼做。以規則為基礎的太空秩序，以及宇宙議題的全球性合作，與每一個地球人息息相關。欠缺這種秩序，沒有這些合作，就像我們過去為地球地理爭戰不休依樣，我們將為太空地理鬥得你死我活。

第四章　沒有法治的蠻荒

「從月球上觀察，國際政治看起來真是雞毛蒜皮。你恨不得一把抓住一名政客脖子，把他拖到幾十萬里外空中，對他說，看看那裡，被你們這些狗東西搞成這樣。」

——艾加・米契爾（Edgar Mitchell），「阿波羅十四號」太空人

在「第三個石頭」（the third rock，譯按：指地球，因為地球是距太陽第三近的星球）與太陽之間是一片荊棘之鄉。這裡有難以克服的地理，是一處充滿敵意的環境，但也蘊藏著驚人財富。就像人類曾經面對的、太多具有類似特性的地區一樣，它也幾乎全無法紀。這裡是太空，太空需要太空法。但這不是件簡單的事。地球上儘管有明確的疆界與界限，有既定的先例，但法律與協議的建立仍然困難重重。更糟的是，大國都不打算放棄它們在太空的利益。

現有太空法不僅老舊得荒腔走板，而且也太模糊，完全不符現況。大多數的太空法基本上都是冷戰期間，由當年大國主導下的產物。它們已經不切實用。以作為大多數太空使用規則依據的「外太空條約」（Outer Space Treaty，一九六七年）為例。它規定：「外太空，包括月球與其他星體，不是國家

插圖描繪美國太空總署在二〇二二年九月進行的「雙小行星改道測試計畫」（DART），目標為小行星迪莫佛斯（Dimorphos）。（圖片來源：Wikimedia Commons）

可以據為己有的對象，國家不能用主權主張，不能透過使用或佔領手段，或其他任何手段將它據為己有」，太空探勘「應該不計國家的經濟或科技發展程度，而以促進全世界所有國家的福祉與利益為宗旨，太空是屬於全人類的領域」。如果一個國家在月球上建立一座基地，劃定其他國家不能安全運作的地區，這算不算宣布佔領與／或主權？如果一個國家在月球開礦，將取得的月球資源在地球出售，這樣做符合全人類利益嗎？「外太空條約」並且禁止在太空儲藏大規模毀滅性武器，但沒有提到傳統武器。而且無論怎麼說，它是一紙沒有執法措施的文件。「月球協議」（Moon Agreement，一九七九年）同樣老舊過時，而且簽字國太少，欠缺效力——由於美國、中國與俄國都沒有批准這項條約，它等同一張廢紙。

太空科技日新月異，將這些條約遠遠拋在身後。當這些條約起草之初無緣置喙的幾十個中低收入國家，現在已經加入競賽，而這些條約也無法反映這項事實。英國首相外交政策顧問約翰．畢尤（John Bew）說，「太空是國際秩序的一處新疆界，權力均勢在這裡受到考驗，但有關規則尚未完全擬妥。」

為取代這些來自另一年代的古董文件，一連幾項沒有約束力的特定目的協議已經出台。「阿蒂米絲協定」（Artemis Accords, 2020）就是典型範例。這個協定的目地在為月球上的活動訂定新指導原則。其中部分內容與「月球協議」吻合：兩者都鼓吹依法探勘，同意不分國籍，為所有的太空人與太空船提供援助，並呼籲發表月球上蒐集的科學數據。

不過，這兩項協議有其基本差異：「月球協議」主張針對月球議題訂定一種多邊、事實上還是全球性的法律架構，而「阿蒂米絲協定」則是一連串雙邊協議，而且內容大體上出自美國，反映美國的太空法作法。阿蒂米絲協定的若干「更新」，與月球協議核心條款宣示的原則與理念相衝突——舉例說，月球活動為人類共同遺產，應以造福全人類為宗旨的構想，美國人並不買單。

因此，加入阿蒂米絲協定的國家，也在實效上接受了美國對月球法——就更廣義而言，對太空法——的作法。這個協定的原始簽字國包括澳洲、加拿大、日本、盧森堡、義大利、英國、阿拉伯聯合大公國與美國；之後羅馬尼亞，烏克蘭、韓國、紐西蘭、巴西、波蘭、墨西哥、以色列、巴林、沙烏地阿拉伯、法國與新加坡也先後加盟。不過一百七十餘國沒有簽字，特別是中國與俄國還被排斥在外。美國國會禁止航太總署與中國合作，而俄國也因被控以危險方式追蹤美國間諜衛星而遭美國擋在門外。

在希臘神話裡，「阿蒂米絲」（Artemis）是月女神，是太陽神「阿波羅」（Apollo）的胎生妹妹。阿蒂米絲協定簽字國雖說沒有這麼遠大的志向，但抱負確實不小。他們計劃在幾年內把人送上月球，在二十年代結束前在月表建立永久結構，在三十年代初期展開月球殖民。

阿蒂米絲協定簽字國同意，應該確立進駐月球以開採稀土、水資源與氦的法律基礎。協定指出，開採資源並不就此構成國家佔有——換言之，開礦國並不擁有它開採的礦區。但實際情況會是「先到先得」。中國看來會緊隨簽字國之後，盡快搶登月球。如果發現月表可供開採地區有限，競爭會很激烈——來得晚的國家難免向隅。較低度開發的國家也會失去「外太空條約」所謂「屬於全人類的領域」。

阿蒂米絲協定第十一條提出「太空活動去衝突化」（Deconfliction of Space Activities）的崇高目標。為達到這項目標，任何有意在月球設廠的國家都應該提供「有關他們活動的通知」。這些活動應在「安全區」內進行，所謂「安全區」指的是另一國的活動「可以合理推斷能造成有害干預」的地區。

事情越來越糟——不過如果你是計時收費的太空律師，或許應該說情勢一片大好。很顯然，安全區會隨時間變化而改變，因此「在運作過程中，簽字國應該根據情況，適時改變相關安全區的大小與規模。」但不必擔心——簽字國「只要情況許可，只要能辦到」，就會讓大家都知道所有已知的相關資訊。好家在！真讓人寬心。不過這到底是什麼意思？喔，原來他們只有在「考慮以適當手段保護專賣權與出口管制資訊時」才會這麼做。你大可駕著星艦「企業號」（Enterprise）在這些法律術語的漏洞中穿梭進出，更何況世上大多數的國家都還沒簽字呢。即使他們都簽了字，怎麼才算「合理」、「有害」與「干預」？

既如此，我們得改寫這段文字才行：「在對開放所有星體地區自由進出的原則，進行莊嚴地承認、確認與承諾之後，簽字國強調，他們有權劃定其他國家不得逾越、干預的界線。簽字國應說明這些界線，並保有改變它們的權利。除非選擇不這麼做，簽子國承諾會在這類事務上保持透明。」就是這段文字。將它改正吧。問題不在於這段原文對或錯，而在於它的漏洞比月球表面的洞還多。

支持阿蒂米絲協定的人說，由於根據協議，月球的使用應該僅限於和平目的，「安全區」不是問題。不過怎麼才算「和平」並沒有明確解釋，而且如果我對「和平」的定義與你的定義不同，又將如何？一九五九年，在談到「南極條約」（Antarctic Treaty）時，俄國認為所謂「和平」就是「非軍事」。但美國提出的解釋是「不具侵略性」，根據美方解釋，只要「不具侵略性」，軍事活動應該可以容許。在今後許多年，「非軍事論」（Non-Military theory）與「非侵略論」（Non-Aggressive theory）這兩種理論能讓太空律師們保住飯碗。「外太空條約」的條款已經允許軍職人員在太空從事和平用途的工作。不過，一旦你建了「月球上的事實」，如果有一個非阿蒂米絲協定簽字國闖入你的「安全區」，你當然可以冠冕堂皇地說，你需要防禦性武器，當然為的不是侵略，而是確保和平。而一旦你有了防禦性武器——我也要。當然為的只是防禦……

此外，從「安全區」演進到「勢力範圍」也算不上什麼太空大躍進。「勢力範圍」是又一個模糊的法律名詞，基本上，它指的是一個國家在一個地區內主張的、無論是經濟、文化、或軍事上的排他權益。千百年來，世人因為對這類「範圍」的迷戀斷衝突不斷，將它們外銷到太空可不是什麼好主意。

不僅如此。在談到可能與國家共事的民營企業時，阿蒂米絲協定說，每個簽字國都必須「承諾採取適當步驟，以確保代表它運作的實體會遵守這些協定的原則」。但一家在月球開礦的美國大型公司，可以援引二〇一五年的「美國商業太空發射競爭法」（US Commercial Space Launch Competitiveness Act）便宜行事。根據這項法令，美國公民可以私人「控制、擁有、運輸、使用與銷售」取自外太空的資源。鑒於一個國家的法律不能適用於國界之外，其他國家有理由抗議，但這個問題同樣也會變得很複雜。

阿蒂米絲協定第九條提出一個新概念：一個維護外太空遺產的新概念，但沒有說明所謂外太空遺產是什麼，也沒有說明如何維護。美國根據這個概念，片面宣布阿波羅十一號登月區、尼爾・阿姆斯壯腳印、以及插在月表的美國國旗具有歷史價值，並將整個地區劃為美國安全區。阿姆斯壯的腳印確實具有歷史價值，但片面建立可能成為實質性法律的作法又是另一回事。

人們經常引用「月球協議」討論合法性問題，但值得注意的是，現在阿蒂米絲協定簽字國數量已經超過原始「月球協議」簽字國的數量。如果夠多的國家將協議視為等同國際法，那麼隨著時間消逝，協議文規定的慣例便根深柢固，國家會開始將協議視同法律。若顯然一般大多數的國家所批准的一項文件，都會將這項文件視為國際法定標準，那麼為海上活動以及所謂海事準則訂定法律架構的「聯合國海洋法公約」（United Nations Convention on the Law of the Sea, UNCLOS）就是例子。這項公約於一九八二年締訂，終於一九九四年在有了六十個簽字國之後生效，現在它的簽字國已經達到一百六十八國。有幾個大國——特別是美國與土耳其——沒有簽署，不過它仍是全球公認的「海洋憲法」。

現在每當發生海事爭議時，聯合國海洋法公約總是成為人們引用根據，基於同理，到二〇三〇年代，簽字國數目比現在更多的阿蒂米絲協定的簽字國，在與俄國或中國發生有關月球區域的爭議時，自然也會引用這項協定，據理力爭。但就像土耳其在與希臘有關地中海石油與天然氣儲藏的爭議中，不接受海洋法公約規範一樣，我們也不能指望北京與莫斯科能遵守阿蒂米絲協定的規範。

二〇二〇年，時任俄羅斯太空總署負責人的狄米屈・羅高金（Dmitry Rogozin）說，阿蒂米絲協定形同一項月球「入侵」，會使月球淪為「又一個阿富汗或伊拉克」。翌年，俄國與中國簽定諒解備忘錄，計劃在月球建立名為「國際月球科研站」的據點，還說這項計畫對其他有意加入的國家開放。因此，不只為了防範「安全區」淪為戰區，為因應科技創造的新現實，我們需要一套新的太空條約。問題在於，這樣的新條約需要所有相關的國家共襄盛舉。但以目前而論，就連距離地表八十公里或一百公里起才算「太空」、才是國家主權盡頭的問題都還無法解決，看來我們還有很長的路要走。

單只是讓世上各國了解相關議題已經足夠複雜惱人，但我們的太空法還有太多其他的事需要處理。舉例說，怎麼樣才算「太空活動」？如果一個國家利用一個設在太空的衛星，控制一架地球上的無人機，用這架無人機發射飛彈、攻擊敵人目標——這算不算破壞外太空條約？

如果上述衛星是商用衛星，是不是說，擁有它的那家公司的整套衛星系統，現在都能視為一種武器？在二〇〇三年的伊拉克戰爭中，美軍發射的砲彈有六百分之十八都經過衛星導向，而這些衛星有八成是商用衛星。假設伊拉克有能力，它有權攻擊這些商用衛星嗎？二〇二二年，一項新爭議出現了。

在俄國入侵烏克蘭最初那段時間，烏克蘭小城伊爾平（Irpin）遭到俄軍飛彈猛襲，城裡所有二十四座基站全部下線，小城也因此與網際網路斷線。兩天後，伊爾平的網路恢復連線了。馬斯克的SpaceX公司將「星鏈」（Starlink）高速終端站送進伊爾平，與飛在低地軌的先進星鏈衛星連線。一萬多套星鏈工程師稱為「麥克扁碟」（Dishy McFlatfaces）的一種「相控陣碟形天線」隨即出現在烏克蘭全國各地。這些設施大多供平民百姓使用，但烏克蘭軍方也用它保有網路聯繫，用它運作指揮管制設施，包括用它操作無人機，將敵軍目標情報送給指揮官。

俄國人試圖干擾這些星鏈終端站與衛星間的訊號，但SpaceX很快找出迴避之道。這一切過程都在莫斯科與華府矚目下進行。美國國防部電子戰主管戴夫．川波（Dave Tremper）說，「我們得具備那種敏捷度才行」，而俄羅斯太空總署負責人羅高金則不滿地說，星鏈的運作就像美國國防部的一個分支。若事實果真如此，俄國能合法攻擊星鏈衛星嗎？畢竟，星鏈衛星已經成為烏克蘭用來殺害俄國軍人的工具。你當然可以辯解，說SpaceX是來自打一場代理人戰爭的國家的第三造。還有另一個目前可能出現的狀況：假設中國共產黨面對一場可能成功的暴亂——因為拜星鏈之賜，中國人民可以翻「牆」組織全國性示威——中國可以怎麼做？

當局正在訂定計畫，處理類似情勢。二〇一九年，「北約組織」（NATO）在陸、海、空與網路空間之外，另闢「太空」做為第五個「作戰領域」（operational domain），並且在翌年同意建立一個「太空中心」（Space Centre），二〇二一年這個太空中心在德國雷姆斯坦（Ramstein）開張。太空中心人員來自北約各成員國，協調來自會員國太空指揮部有關導航、氣象、以及會員國可能面對威脅的情資。儘管法國與英國也會提供情報，但就像在地面作戰傳統戰力方面極度仰仗美國一樣，北約在太空偵監與目標發掘方面也仍然高度依賴美國。

北約組織在二〇二一年峰會發表了一篇幾乎沒有人注意到的聲明，將太空防禦納入盟約第五條的共同防禦條款。這篇聲明的措辭很謹慎：「對太空、來自太空、或太空內的攻擊……對現代社會的危害可能不亞於傳統攻擊。這類攻擊可能導致第五條啟動。」北約將以「逐案審理」方式討論相關決定。

採用「可能」與「逐案審理」這類謹慎用詞，反映我們已經進入新領域。這類用詞並非無足輕重的細節。將發射飛彈進入北約盟國之舉視為戰爭行動不難，但如果只是發射雷射光、讓一個商用衛星失靈，又當如何？這樣的行動不會出現在主權管轄領域，也不會造成人命傷亡。它值得宣戰嗎？舉例說，如果馬斯克的一顆衛星在飛越肯亞上空時遇襲，西班牙會因此發動戰爭嗎？可能不會，而且即使真的出現這種狀況，問題也沒那麼單純。北約盟約第六條對三十個北約盟國作戰區域的定義有所說明，並且談到對北約的攻擊如果出現「在這些區域內或在它們上空」時的狀況。這顯示，一顆衛星在飛經太平洋一處人跡罕至水域的上空時遇襲，未必引發第五條共同防禦條款。不過它仍然沒有說清楚飛越距地表數百公里的太空算不算「飛越」主權領土。

「逐案審理」的立場也同樣重要。它為北約帶來一種「戰略模糊」態勢，讓北約可以考慮行動選項，而不是被迫採取軍事因應行動。不過無論使用什麼措辭，如果美國的一個預警系統被擊毀，地緣政治的一切限制看來也只是具文而已。

隨著公司與民營企業介入太空，也引起各式各樣與軍事活動無關的問題。哪些地球法律可以管轄它們的作為？這些法律如何執行？我們且假想，「太空科學怪人」法蘭肯斯坦（Frankenstein）在「雪莉號太空站」（Space Station Shelley）上用活組織造了一個人造人。國與國之間的國際條約或許可以禁止創造這樣的人，但「太空科學怪人」法蘭肯斯坦不是一個國家，雪莉號太空站也不在地球上——誰又能阻止他這麼做？怎麼阻止？

這個例子太古怪了吧?沒錯,但並非不可能。國際太空站的科學家已經在「生物製造設施」(Bio Fabrication Facility)用3D印表機與「生物墨」(bio-ink)造出活組織。類似研究工作也出現在地表,但由於地心引力能使脆弱的物質崩壞,在地表可以製造的活組織有限。在太空,科學家可以列印組織支架,然後一件件搭起來。科學家不久就能列印人體器官了。鑒於地球上器官捐贈的極度稀少,這類科學突破或能造福人類;但治理這類太空項目的法律架構仍很模糊。

國際太空站上一般認定,科學家來自哪一個國家,就適用哪一個國家的法律。舉例說,太空站上日本實驗室的發明,就是日本的發明。不過這是基於一項參與國簽定的協議。

就比較恐怖的一面來說……如果一件幾乎不可能發生的事竟然成真,例如一名日本太空人在日本專屬艙裡殺了一名日本同事,法律權責很明確。外太空條約規定,射入太空物件的法律管轄權,為這個物件的登記國所有。這與有關船艦與飛機登記的法律規定類似。但如果發生極其惡劣的兇殺事件,而涉案兩人來自不同國家,而且案發地點在一處銜接走廊,法律問題就會變得很複雜——如果案發地點在國際太空站外,出現在一次太空漫步過程中,事情就更加撲朔迷離了。

如果謀殺案出現在前往「太空大飯店」(SpaceTel)——擁有兩百個房間、環繞月球運行的一家超級豪華酒店——旅途中,甚或發生在這家大飯店裡,會怎樣?如果太空大飯店的所有人是總部設在塞其爾(Seychelles,譯按:印度洋上的群島國)一家印度民營公司,大飯店的零組件在日本製造,由哈薩克、美國與中國境內發射升空的火箭運載、射入軌道,案情會讓人更加頭大。祝你好運,「太空神探」波洛!(Poirot,譯按:波洛是英國偵探小說家艾嘉莎·克里斯提(Agatha Christie)筆下創造的比利時籍神探，以蓄八字鬍、斷案如神著名。」

這類問題目前都還沒有答案，但值得注意的是，加拿大已經採取修法行動，讓它的刑法延伸到月球表面。

目前僅有涉及太空的法律案件，案情既不如上述狀況驚悚，梳理起來也容易得多。二〇一九年，航太總署太空人安妮·麥克蘭（Anne McClain）被控在國際太空站生活期間擅入她前妻的銀行帳戶。航太總署調查後發現這項指控查無實據，麥克蘭的前妻之後被判向聯邦當局做不實聲明罪。另一個案子更不怎麼樣。阿波羅十三號太空人傑克·史威格（Jack Swigert）忘了報所得稅，直到進入太空後才想到這檔事。「休士頓，我碰上麻煩了。」休士頓聽完他的陳述笑開了懷。之後美國國稅局（Internal Revenue Service）以史威格「不在國內」為由，准許他延後申報。

如果人類殖民一個嶄新的星球；應該適用哪個國家的法律？這個殖民地是否應該接受地球治理？可能出現的狀況是，殖民地最後決定拋開「母星球」的枷鎖，訂定本身的自治系統。離開地球越遠，地球法律的執行也越難。前文已述，伊隆·馬斯克的SpaceX計劃把人送上火星。SpaceX有許多業務，其中一項是透過星鏈提供寬頻服務。星鏈訂定的「服務條款」有以下規定：「就涉及火星上提供的服務，或在經由星艦或其他太空船轉往火星旅途中提供的服務而論，各造視火星為一個自由行星，地球政府對火星上的活動沒有管轄權或主權。也因此，爭議應透過自我治理的原則解決。當火星屯墾區建立時，就應本著誠信，建立這種自治原則。」

自我治理原則？這個自治政府與它的原則由誰主持？我懷疑這是假新聞吧？

英國學者與太空問題專家布雷丁．鮑文，針對這項星鏈服務條款提出毫不保留的駁斥：「根據我的了解，星鏈沒有把它納入服務條款的合法權利，因為聯合國的權威及於火星。條款第二部分，有關自治原則與誠信的部分，不僅極端政治無知，還將科技社會無視政治現實的典型曝露無遺。可悲的是，我見過太多這類情事。」

如前文所述，外太空條約第二條規定，「外太空，包括月球與其他星體，不是國家可以據為己有的對象。」外太空條約第三條說，國家只能「遵照國際法」在太空運作。針對馬斯克不是一個國家，因此可以不受這些規則約束的觀點，你可以辯稱，外太空條約還說，國家「對國民在外太空的活動負有國際責任」——你說的沒錯。但當SpaceX開始從宏都拉斯發射火箭，財大氣粗地用一堆律師對準你，還把公司總部從美國搬到巴拿馬時，馬斯克已經當了火星的警長。超級富豪打算怎麼統治他們的「殖民地」還有待觀察。

鮑文說得好，「億萬富豪會像經營他們的廠房一樣，經營他們的『殖民地』，會像對待他們最低薪的員工一樣，對待殖民地的人民嗎？」對於使用「殖民地」一詞，鮑文也不以為然。他說，殖民地一詞「與種族滅絕、公司剝削、生態災難、奴役與種族歧視脫不了干係，我們要在宇宙建立『更美好的未來』，豈能使用這個詞？」

SpaceX、「維珍銀河」（Virgin Galactic）、「藍色起源」（Blue Origin）與名氣較小的民營太空企業，例如中國的「星際榮耀」（i-Space）與俄國的「兵工廠」（Arsenal）正在迅速崛起，儘管可能有些模糊、但曾經適用的多邊條約、行為準則、以及信心營造措施，已經逐漸跟不上時代演進的腳步。

如果一家民營公司或個人真能在另一星球建立屯墾區，則這些外星「殖民地」的「統治者」的權威需要受到監督。這類情節已經成為幾本科幻小說的故事主軸，但在真實世界中，如果我們不想見到宇宙版的「東印度公司」（East India Company）——擁有自己的私有軍隊，曾經實際上據有印度部分地區，我們便需要訂定適用的法律。

其他還有一些更直接、緊迫的議題也需要國際合作解決。太空垃圾是一個大問題。艾夫雷・道爾曼同意，我們必須優先建立一套新條約處理這個問題：「垃圾是今天第一號問題。所有的太空國都已經公開主張緩和、甚至減少垃圾。問題是，這些建議總是明顯偏袒一方的利益。」

航太總署估計，目前在繞地軌道中，直徑超過十公分（約與柚子相當）的垃圾有兩萬三千多件。此外，直徑一到十公分（一個網球約為七公分）的垃圾也有五十萬件，總計，超過一毫米的太空垃圾約有一億件。雖然大多數的太空垃圾或許很小，但它們的運轉速度為時速兩萬五千公里，撞上這樣的東西不是好玩的。一個一公分大小、以如此高速飛行的碎片，造成的衝擊就像一輛小型車以四十公里時速撞上你、或你的太空船造成的衝擊一樣。

單憑環繞地軌運行的衛星數量之多，就知道這個問題只會越來越嚴重。SpaceX計劃為它的星鏈寬頻服務發射四萬顆衛星；一家名為「Astra」星的新創已經提出發射一萬三千六百顆衛星的申請；亞馬遜（Amazon）要發射三千兩百顆衛星。而這還只是美國人的公司。專家相信，到二〇五〇年，衛星總數至少會有五萬顆——不過到那一天，環軌運行的衛星可能多達二十五萬顆。

更多的衛星必然意味更多的太空垃圾。太空垃圾越多，出現「凱斯勒現象」（Kessler Syndrome）的風險也越大。根據這個現象的說法，軌道中的太空垃圾一旦達到一個程度，撞擊事件就會頻傳。從而導致一場災難性的太空垃圾大傾瀉，形成一片垃圾雲，撞上哈柏太空望遠鏡，然後撞毀一艘飛往國際太空站的太空梭。你或許記得這是二〇一三年科幻電影《地心引力》（*Gravity*）中的劇情——但它其實來自前航太總署科學家唐納·凱斯勒（Donald Kessler）在一九七八年提出的理論。根據凱斯勒的說法，這場太空垃圾大傾瀉會一直持續到所有的衛星全部被毀，低地軌形成一圈太空垃圾環，使太空船飛不出地球為止。

「凱斯勒現象」是一種預測，但現有太空垃圾形成的威脅並非假設。為躲避太空垃圾撞擊，以保持環軌高度，國際太空站曾經無數次不得不點火推進器。太空船也曾在軌道中互撞。最著名的例子是俄國已經報廢的通信衛星「宇宙2251號」（Cosmos 2251），二〇〇九年在西伯利亞上空八百公里處與一顆美國現役銥衛星（Iridium Satellite）相撞。因此，環繞地球的軌道中又多了兩千個直徑至少十公分的太空垃圾。

有關各造已經在想辦法達成減少太空垃圾的協議，只是變數太多，問題非常複雜。一個主要問題是，太空垃圾的創造不只是意外事件而已。衛星因為幾個理由而成為引人垂涎的攻擊目標，世上還有各式各樣「反衛星」（ASAT）武器，專門對付在地表幾千公里外上空高速飛行的物體。美國在一九五九年第一次試射反衛星武器。這項計畫自甘迺迪以降，歷屆美國總統不斷推動，而以隆納德·雷根（Ronald Reagan）的「戰略防衛行動」（Strategic Defense Initiative）、即所謂「星戰」（Star Wars）行動為集大成之作。自然蘇聯也在進行類似的計畫。蘇聯人甚至在他們的一個「禮炮號」（Salyut）太空站上裝了一挺「自衛」用速射砲，還在一九七五年進行試射，將砲彈射進大氣層。這或許談不上是科幻影片中的「死光」，但它毫無疑問是出現在太空的第一件武器。這門砲有一些限制。在開砲以前，整個二十噸重的太空站必須先轉向對準目標，然後在開砲同一時間啟動推進器，以免後座力把太空站送入太空深處未知之境。不能對著軌道橫向發射也有道理，因為這麼做等於太空站在攻擊自己的背。這已知唯一一次太空試射，是在太空人撤離後以遙控方式進行的。

那以後事情變化很大。今天世上已經出現一整套可以擊落衛星的精準武器——有的部署在地球，有的部署在太空。這類武器包括彈道飛彈、從地球一路射進靜止軌道的雷射光、以及高能微波與網路攻擊。研發中的新手段，甚至包括對衛星攝影機噴灑化學劑、「弄瞎」衛星。此外，「太空清掃」衛星的液壓機械臂，雖說設計目的為攫取太空垃圾，但稍加調整就能改裝成殺手武器，用來將敵人的衛星丟出軌道。

中國在二〇〇七年從地面發射一顆「反衛星」，擊毀自己的一顆飛在地表上空八百六十三公里處、已經不能作業的氣象衛星。一般認為中國這次試射的目的，在於測試他們能不能擊落敵人衛星，甚至敵人的太空船。四川省「西昌衛星發射中心」射了一枚彈道飛彈，飛彈上攜帶一顆「動能攔截器」（kinetic kill vehicle, KKV）。ＫＫＶ有時也叫做「智慧石塊」（smart rocks），因為它們沒有會爆炸的彈頭；它們只是撞向目標，發動「擊殺」式攻擊。

擊毀目標涉及的科技相對簡單。「攔截器」衝撞目標，產生一種比目標的「內聚能」（cohesive

energy）高的動能，就能將目標擊毀。難的部分在於如何使攔截器以必要速度進行撞擊，當然，還有如何擊中目標。攔截器不在軌道。它以每秒幾公里的速度呈彈道弧形穿越太空，不斷用管控系統追蹤運行在軌道中、比它更快的目標的速度與方向。攔截器的彈道估算即使出現最小度偏差，對目標速度與方向預判即使只是稍有失誤，也無法擊中目標。一旦擊中，足以造成毀滅性效果。

二〇〇七年這次試射使用的攔截器，據信重約六百公斤，以三萬兩千公里時速的總合「相對速度」（relative velocity speed）與目標衛星相撞。固態物體在以如此高速運行時，表現就像液體一樣，這兩個機器實際上等於互相穿透對方，造成一朵藏了數以千計細小金屬碎片的塵雲。讓其他太空國不快的是，中國這次試射造成三萬五千多件直徑比一公分大的太空垃圾，它們以四千公里時速在低地軌道流竄，其中許多直到今天仍在那裡。這次試射造成的太空垃圾，比所有過去出現在太空旅行史的事件製造的垃圾都多。

世人沒有記取這些教訓。俄國在二〇二一年進行一次「直接上升擊殺」（direct-ascent hit-to-kill）反衛星測試擊毀自己的一顆衛星。其他國家也進行類似測試，不過莫斯科進行這次測試過於魯莽。目標衛星被撞爆，碎裂成一千五百多片金屬，它們立即以每秒七點六公里的速度在地軌到處亂竄——而國際太空站就在這同一軌道上。當時國際太空站上的七名太空人，包括四名美國人、兩名俄國人與一名德國人，奉命轉入停靠太空站的太空艙裡，守候兩個小時，準備一旦緊急時可以立即撤出太空站。不過後來緊急狀況沒有發生。

美國太空指揮部發表一篇聲明：「俄國此舉，是對所有的國家在太空領域的安全、平安、穩定與永續性的公然蔑視。」日本、南韓、澳洲等許多國家都表示同意，但俄國不同意。俄國國防部長謝爾蓋．紹伊古（Sergei Shoigu）說，這是一次例行作業，目的在加強俄國對抗美國侵略的嚇阻力，而且這次試射也沒有對國際太空站構成威脅。

反衛星不是擊毀衛星的唯一途徑。所有參與角逐的國家都將繼續研發電子戰力——刻正進行的研發包括駭入衛星系統以控制衛星、不讓衛星所有人使用衛星、或干擾衛星運作等等。但由於擔心競爭對手會繼續發展「動能」武器，導致更多太空垃圾，它們似乎不大可能只依靠電子戰。為扼阻這種情勢，各國有必要訂定一項禁止反衛星的全面性條約。即使簽訂這樣的條約看起來「可行」，但實際運作仍然困難重重。魔鬼藏在細節裡。你不能簡單寫上「我們同意禁止反衛星」幾個字就算了事。除了「陸基武器」（ground-based Weapons，譯按：從地面發射、以陸地為基地的武器）要件之外，條約文還得說明什麼合法、什麼非法，什麼是「定向能武器」（directed-energy weapons）、高能微波、網路戰力、機器人戰術，甚至什麼是化學噴霧器。對商業公司的規範或許也得納入條約文中。

禁止反衛星條約的締約行動早在二〇一四年已經出現。當時俄國與中國力主通過一項經過大幅修改的草約，因為這項草約只禁止從太空發射的反衛星，但准許研發、儲藏陸基武器。美國基於這個理由反對這項草約，之後，締約工作也因此毫無進展。但到了二〇二二年，美國採取主動，成為第一個宣布自願暫停「毀滅性、直接上升反衛星飛彈測試」的國家。副總統卡瑪菈．哈里斯（Kamala Harris）形容這樣的測試「不負責任」，還說它們「危及我們在太空已經取得的總總進展」。只不過美國這項宣布強調「毀滅性」，換言之，美國仍能進行電腦測試與不會造成目標撞擊的飛彈試射。

看來在即將出現的未來，太空垃圾問題只會更加嚴重，我們必須想辦法解決才行。

那麼，我們能不能開幾槍、把太空垃圾轟出軌道？這裡面有個障礙，就是：無論你用什麼機器對付太空垃圾，這機器都可能具有一種雙重目的。在不久的將來，以驅散小型太空垃圾為目標，或以推擠大型太空垃圾進入大氣、讓它們焚毀為目標的「定向能武器」，同樣也能用來攻擊太空船或衛星。太空船可以清除不再運作的衛星這類較大型太空垃圾，但各國政府又擔心敵國會假藉清除太空垃圾之名，在太空船上佈署敵對武力。

化解太空垃圾問題還有其他辦法。我們可以建立一種經過全球協議的「太空態勢感知」（Space Situational Awareness）系統，登錄所有的衛星，了解它們的定向能力，然後追蹤它們。所有的衛星都可以裝備小型推進火箭，讓它們可以躲避撞擊，可以在作業期結束後提前脫離軌道。民營公司可以競標合約，打造能夠用網、用叉捕捉大型金屬碎片的太空船。但假設有一家日本的太空垃圾清理公司，取得美國的一紙合約，在太空清除中國製造的垃圾，包括已經失效的衛星，這家日本公司會不會面對美國的衛星就大開方便之門？

研擬這類安全措施的人，必須面對多得嚇人的難題。道爾曼教授將這些問題列舉如下：「這種感知系統，需要擁有只有利用太空感測裝置才能建立的解析度。誰有資格查看原始數據？它還能有什麼其他用途？潛在軍事利益是什麼？第二個重大議題是由誰負責執法？執法者需要積累什麼能力？由誰付錢？應該使用誰的太空船？誰能獲得這些打造、運作、保養太空船的豐厚合約？」任何有關衛星的計畫與規則，都無法與軍事與國家安全議題分割。

建立衛星「安全區」，禁止其他國家的衛星在區內運作，似乎是個合理的解決辦法，但這麼做與聯合國海洋法公約為海上交通建立的「無害通過」與航行自由概念相互衝突。准許一個國家檢查另一國的衛星，以確保這些衛星不具雙面用途（非軍事與軍事能力），也會使日後的協議更難達成。

也因此，在可預見的未來，太空垃圾仍將對至關重要的衛星網路、太空站、以及人命構成威脅。

還有其他許多地方也欠缺協議。舉例說，強大的「太陽耀斑」（solar flare）撞擊地球完全有其可能，而且值此網際網路時代，這樣的事件將造成龐大而立即的影響，重挫世界經濟。低地軌衛星以及地球上的通信裝置將被毀——這場「網際網路世界末日」（Internet Apocalypse）將造成停電、暴動、供應鏈崩壞，讓你最後一秒的eBay下單前功盡棄。

事實上，不久以前就發生了一次小規模「太陽耀斑」爆發事件。一九八九年三月，天文學家發現太陽表面發生巨型爆炸。不到幾分鐘，十億噸氣體雲以一百多萬公里時速朝地球直襲而至。第二天，這個由帶電粒子形成的氣體雲撞上我們的磁場，在北美洲下方造成電流。凌晨二時四十四分，加拿大魁北克（Quebec）電網發生供電不足現象，兩分鐘以後，魁北克省每一盞燈全部熄滅。所有的電腦、冰箱、烤箱、電梯、交通號誌、以及其他一切需要電力的用具全部停擺。幾個太空中的衛星也被擊中，打轉失控。十二小時之後電力才恢復。

既然我們的基礎設施、我們的商務與軍隊都如此仰仗衛星，世上國家有沒有採取什麼集體合作、保衛衛星的行動？對於這個問題，加州大學（University of California）電腦學專家桑吉莎·阿布杜·約西（Sangeetha Abdu Jyothi）有以下答案：「據我所知，目前我們還沒有因應大規模太陽風暴的全球性協議或計畫。最近的一項研究估計，一旦發生災難性太陽風暴事件，單以美國境內而論，一天的經濟損失就高達四百億美元。太陽風暴還會影響人類生活各方各面。儘管如此，我們還沒有一套因應最嚴重太陽風暴事件的災難應變計畫。」她說，好消息是，電網業已經大舉作業，評估事態嚴重性，此外，由於有些地區遭遇太陽風暴侵襲的風險較高，有關研究已經展開，以了解低風險國家能不能迅速發射新衛星以重建網路連線。

萬一地球流年不利、在軌道上撞上一個直徑比一公里還大的小行星該怎麼辦，也同樣是個極端凶險、有待解決的問題。誠如美國科學家兼喜劇演員比爾．尼（Bill Nye）所說，如果撞上大傢伙，那就是「遊戲結束了。就等於按control-alt-delete，將文明全數刪除。」

對於電影《千萬別抬頭》（*Don't Look Up*）描述的那些似乎不可能發生的劇情，我們也還沒有國際應變計畫。不過並非都是負面消息。美國航太總署已經透過國際合作，擬定所謂「雙小行星再定向測試」（Double Asteroid Redirection Test, DART），檢驗能不能用飛彈攻擊一個可能與地球相撞的物體，讓它偏離撞擊地球的軌道。

航太總署於二〇二一年十一月發射一枚SpaceX「獵鷹九號」（Falcon 9）火箭，搭載ＤＡＲＴ太空船，展開第一次ＤＡＲＴ測試。大小約與大型冰箱相當的這個ＤＡＲＴ太空船，花了一年時間追上一個名叫「伴生星」（Dimorphus）的近地小行星，以兩萬三千七百六十公里時速迎頭撞擊「伴生星」，使「伴生星」略微改變軌道，將它原本每十二小時繞行「雙生星」〔Didymos，也是小行星，比伴生星略大，兩顆小行星在一起，有如雙胞胎，因此取名Didymos，即希臘語「雙胞胎」之意）一圈的時間縮短了三十二分鐘。這是劃時代的一刻，是人類改變星體運行軌道的第一次——這次測試花了三億兩千五百萬美元，這筆錢花得值。

如果有法律鼓勵太空大國——特別是美國與中國——間的合作，處理這類問題會方便許多。要指望這兩個全球最大的國家拋棄歧見，未免天真，但兩國若能接受這些歧見，把眼光投射在超越相互猜忌的遠方，科技交流不僅能為兩國，也能為全球帶來巨大利益。中國已經在推動計畫，研發「小行星偏移系統」（Asteroid Deflection System），以保護地球，不讓小城一般大小的岩塊朝我們直襲而來。

拜科技長足進展之賜，我們今天已經能夠提前至少二十五年，偵知任何逼近地球的星體。科學家在二〇〇四年第一次發現一塊與「帝國大廈」（Empire State Building）一樣大小、叫做「毀神」（Apophis，譯按：Apophis是古埃及神話的神，是破壞、黑暗的化身）的隕石，隨即認定它有百分之二點七的可能性在二〇二九年擊中地球。所幸再次評估認定，它百分百會在距離地球不到三萬七千公里處與地球擦身而過。不過這個距離也夠險了。毀神掠過的事仍將在二〇二九年發生，如果你有興趣，可以在日記上註明日期：四月十三日。你還可以記下兩個日期：二〇六〇與二〇六八年，因為根據科學家的理論，二〇二九年這次「擦身而過」事件造成的效應，可能使「毀神」調頭，於這兩個年份繞回來，而且撞上地球。

除了國防安全顧慮使大國不能在這類領域攜手合作以外，政府預算也是問題，特別是在預算必須接受公開檢驗的民主國家尤然。道爾曼稱這個問題是「卡崔娜綜合症」（Katrina Syndrome）。卡崔娜颶風在二〇〇五年侵襲紐奧爾良（New Orleans），奪走一千八百多條人命。人稱卡崔娜颶風是「百年一遇」，也就是每一百年只會發生一次。要選民負擔更高稅賦來防範一場「百年一遇」的災情已經夠難了，如果是一場來自太空深處「萬年一遇」的災情……哪個候選人敢在選舉政見上提上這一筆？

無論如何，警鐘早已敲響，科學家、太空專家、軍事戰略家與環保人士也已開始將這些覺悟轉達給政界人士。

這裡討論的任何問題或許都不會發生，但若沒有適當的法律架構，特別是當一個國家擔心另一個國家佔它便宜時，讓問題成真的誘惑會增加。我們已經在太空展開武器競賽，這場競賽必須停止。世人往往喜歡依賴另一個時代的協議，外太空條約就是明顯的例子。

我們需要擴大清明度，需要共同承諾透明度，我們要共享資源，要在太空垃圾收集、太空船處分、自由航行、衝突化解，數據發表、態勢感知與太空交通管理上合作，所有這一切都需要一種經各造協議、共同遵守、基於規則的秩序。就目前而言，中、美、俄等太空三巨頭達成的協議微不足道，三國都知道出現在地球的情事會延伸到太空。三國都野心勃勃，都對彼此的意圖猜忌不已——中國與美國都想訂定新的國際太空規則。其他國家得勸勸他們了——合作才是王道。

我們現有有關太空的法律系統，就詳盡度而言，遠不及海洋法等其他領域的法律全面。現有太空法需要大幅更新，就若干案例而言還需要廢除，另立新法。科技腳步已經超越法律。若是沒有法律，地緣政治以及現在的天體政治，形同一片沒有法治的蠻荒。

第五章　中國：長征……進入太空

「先下手為強。」

——中國諺語

時間是二〇六一年。地球表面已經冰冷、結凍。為了躲避不斷擴大的太陽，地球出走了。由於佈署在地球一側、數以千計核融合引擎一起發力，將它推出太陽系，地球已經不再旋轉。離開太陽越遠，地球越冷。半數人口已經死亡，倖存者生活在巨型地下城市。但地球必須抵達「半人馬座 α」才行。半人馬座 α 有一個位置極佳、不會擴大的太陽，能讓我們重享正常生活。所謂「千里之行，始於足下」，不過孔子可沒說過「四點五光年之行」始於足下。

以上是二〇一九年故事荒唐到爆、但讓人津津樂道的中國科幻片《流浪地球》的劇情。《流浪地球》在中國國內上市立即大賣，打破票房紀錄。它隨即透過流媒體「Netflix」在全球推出，成為排名第五的全球最賣座非英語影片。這部影片在幾個層面上，特別是它有關軟實力，以及中國如何投射其太空觀點的說法，頗能發人深省。

《流浪地球》導演郭帆說，美國人說人類終將離開地球，前往「無盡的邊疆」殖民，這種說法在

中國「天宮」太空站示意圖（圖片來源：Wikimedia Commons）

美國科幻小說與影片中屢見不鮮。但郭帆認為，中國人主張人類應該運用太空資源改善地球上的生活。這是《流浪地球》的一個主題。郭帆告訴《好萊塢報導者》（*Hollywood Reporter*）：「在好萊塢的電影中，每當地球經歷這類危機時，救世的英雄總是深入太空、尋找一個新家園，這是非常美式的作法——探險，個人主義……但在我的影片中，我們群策群力，帶著整個地球一起走。這種作法來自中國文化價值——家鄉、歷史與連續性。」

這個調子與中國共產黨傳遞的訊息吻合，中共支持這部影片自也不足為奇。《流浪地球》由國營的「中國電影集團公司」擔任部分製片，而根據中國慣例，得經共產黨宣傳部批准才能放映。教育部推薦它可以在全國各地學校上映。黨中央紀律檢查委員會覺得應該予以獎勵，因此北京的外交部也開始幫著宣傳，發言人華春瑩還告訴記者，「我知道現在最熱門的電影是《流浪地球》。我不知道你看過沒有。我建議你看。」華春瑩這麼說也沒什麼不對，只不過記者並沒有問她有關這部電影的事。

根據《流浪地球》的劇情，儘管當時人類已經有一個「聯合世界政府」，拯救地球的重責大任仍然落在一個中國領導的計畫與中國英雄身上，只不過一個友好的俄國宇航員在過程中幫了一點忙而已。不過這也沒什麼不對。在好萊塢拍攝的影片中，當美國人幹類似事情時，一般會說一句「我這麼老了還得幹這種X事！」在《流浪地球》中，當一名軍人用大得嚇人的機槍朝木星開火時，他大聲吼叫，「幹死你，他X的木星！」這句台詞或許就能決定你是不是想看這部電影了。

但中國共產黨領導班子毫無疑問要你看這部電影，因為《流浪地球》的劇情很能唱和「習近平思想」。北京知道，美國與其他國家會將它不斷增長的太空能力視為一種威脅。運用電影這類軟實力，北京既能向外國觀眾示意，要他們不必擔憂中國在太空的活動，同時還能提振國內民族自信與驕傲。

習近平一直在宣揚中國的太空計畫對任何人都不具威脅的概念；強調中國要的是在國際架構內工作，為人類謀福。既如此，由人民解放軍全面、直接掌控的中國太空計畫，真能造福全人類嗎？

它不能，但話又說回來，任何其他國家的太空計畫也不能。不過與任何其他國家相比，中國的太空計畫更加軍事化。

中國國家航天局隸屬「國家國防科技工業局」。根據它的網站說法，國家航天局的設立目的為「加強軍隊」，「為國防、軍隊、國家經濟、軍事相關組織的需求效力」。火箭發射場由人民解放軍透過「戰略支援部隊」直接控制。戰略支援部隊負責太空、網路與電子戰任務。主管「航天員」（太空人）事務的部門是「中央軍備發展部」。

這些都不是機密，但中國似乎希望盡可能不事宣揚。中文政府網站對於這種軍方控制並不隱晦，還會發表一些高級軍官著軍服的照片，但英文政府網站絕口不提這些事。

習近平認為中國應該在世界上扮演更多領導角色，而中國將太空視為它的未來計畫中不可或缺的一部分。中國在現代化進程上採取一種「科技—民族主義」作法，完全了解它若想達到目標，就得成為科技領導國。

毛澤東在一九五〇年代的思考也與習近平類同。毛澤東當時怨嘆，中國就連一個土豆（馬鈴薯）都射不進太空。沒有人敢問他為什麼要把土豆射進太空，到一九五〇年代末期，儘管中國基本上還是貧窮的農業國，當局已經決定投入長程飛彈與太空科技。

美國有韋恩赫・馮・布朗，俄國有謝爾蓋・柯洛里夫，中國也有錢學森（一九一一－二〇〇九）。錢學森人稱「中國火箭之父」，是中國最偉大的科學家之一。他以優異成績畢業於上海交通大學，赴美深造，進入麻省理工（Massachusetts Institute of Technology）就讀，之後進入加州理工（California Institute of Technology），停留了二十年。在加州理工期間，他師事席奧杜・馮・卡門（Theodore von Kármán）教授，是人稱「自殺小組」的一員。所以稱為「自殺小組」，是因為這個小組嘗試在校園造火箭，還因此釀成幾次涉及揮發性化學物質的事件。

在第二次世界大戰期間，他參與美國為因應德國V1與V2火箭而展開的行動。在大戰結束時，錢學森已經是公認全世界最了不起的噴射推進專家。在獲授臨時性的中校軍階之後，他奉派前往德國，約談V火箭科學家，還包括馮・布朗。大戰結束後，錢學森與馮・布朗都加入研發世上第一枚原子彈的「曼哈頓計畫」（Manhattan Project）。

一九四九年，共產黨佔領中國，錢學森儘管功在美國，仍然遭到美國人指控，說他是共產黨同路人。他被剝除接觸機密資料的資格，還遭到軟禁。之後他申請返回中國也遭美國當局駁回，因為他知道得太多。一九五五年，錢學森終於獲准離美。在啟程前往中國時，他告訴記者，這輩子不會再踏上美國國土。他守住他的諾言。美國就此失去一位大師，中國如獲至寶。

共產黨在二十世紀中期加緊對中國的控制時，他們注意到美國人與蘇聯人在太空競賽中花費億萬鉅資。對中國而言，最重要的不是誰贏得這場競賽，而是科技進展。火箭造得越大，射程越遠，越讓北京提心吊膽——擔心美、蘇可能將火箭科技軍事化，用來對付中國。就這樣，錢學森受命訓練一代中國科學家，研發中國的核子彈與「東風」彈道飛彈系統。

一九五六年，基於「兄弟援助」精神，蘇聯將他們的R1火箭藍圖提供給錢學森，還派遣專家到北京，幫助中國推動中國的彈道飛彈計畫。中國隨即在戈壁沙漠建立試驗場，還派了幾十名學生到莫斯科受訓。

中國人要的不只是現代火箭而已，但「兄弟援助」有其限度，俄國人不願將他們最新的科技轉交他國。於是，這些中國學生抄襲手邊有限的文件，想方設法從指導老師那裡挖掘知識。

莫斯科與北京的關係由於幾個議題而不斷惡化。除了發生在遠東的一場邊界爭議之外，兩國都主張自己是共產世界領袖，都堅持自己的馬列主義才是真正的共產主義也是重要原因。毛澤東並且認為，蘇聯領導人赫魯雪夫對親西方的那些「資本主義黃色走狗」不夠積極。

到了一九六〇年，兩國合作中斷。但中國人根據他們所知，已經能夠製造「東風」飛彈，射程也從短程、中程、中遠程，逐漸發展到可以從發射庫或從機動發射器發射的洲際飛彈。錢學森利用這些急就章汲取的科技知識，督導了中國第一顆衛星的發射，為中國的太空計畫奠下基礎。

錢學森成了中國國家英雄，一整座博物館為他而建，收藏了七萬件有關他的物品。他的故事對美國人是一個警訊：不要只因為一些查無實據的猜忌，就排斥外來的科學知識。前美國海軍部長丹・金寶（Dan Kimball）說，美國對待錢學森的方式，是「這個國家幹過最蠢的事」。

一九六七年，毛澤東下令將中國宇航員送入太空，並選了第一批人選接受訓練。但由於文化大革命爆發，全中國陷於一片混亂，許多科學家或下獄或被殺，這項太空計畫也無疾而終。舉例說，中國人造衛星計畫領導人趙九章就在文革期間被打成「反革命份子」，遭紅衛兵毒打。據信他後來在北京中南海投湖自盡。

儘管有這許多挫折，中國終於在一九七〇年四月二十四日將它的第一顆衛星送進軌道。這顆衛星環繞地球運行了二十八天。繼蘇聯、美國、法國與日本之後，中國因此成為第五個將衛星送進軌道的國家。中國這顆衛星上裝備五組電池，用來將「東方紅」（每三十秒重複一次）播回地球，讓世人都能聽到這首歌：「東方紅，太陽升，中國出了個毛澤東……」如今在中國，四月二十四日是「航天日」。

從這一刻起，中國的太空計畫快速進展。到一九八〇年代中期，中國發射衛星已經成為例行公事，還為其他國家提供發射設施。

在最初幾十年，中國的太空計畫除了氣象監測外，基本上為的只是滿足軍事野心。之後隨著中國逐漸工業化，才開始用衛星觀測道路與鐵路修建路線。但進入二十一世紀後，中共發現太空計畫能彰顯中國在世界的地位——能讓大家都承認，中國是全球軍事、科技與經濟領頭羊，有成為世界領袖的潛能。

當二〇〇七年中國以「動能攔截器」擊毀自己的氣象衛星時，其他國家都為中國此舉造成的太空垃圾恐慌不已，但中國此舉展示的科技能力也讓各國嘆服、警懼——中國人等於用一顆子彈擊毀另一顆子彈：動能攔截器以兩萬九千公里時速高速前進，而就在撞擊前最後一秒，它對它的彈道做了三次閃電般迅速的調整，讓它不偏不倚、撞上那顆兩公尺長的衛星。

中國說，這次試射不是一種太空武器競賽，因為中國永遠不會參與這樣的競賽。果真如此，則有關北京正全力投入地基「定向能武器」、在太空攻擊敵目標的說法都毫無根據。中國偏遠地區已經出現一些大型建築，裝了可以回收、以便觀察天空的屋頂，還有一些可以用來目標鎖定的圓頂建築。中國既然強調永不參與太空武器競賽，則或許這些建築都是熱情的天文學者使用的。

二〇二二年初，北京發表航天計畫「觀點報告」，一開始就引用習近平的話說，「探索浩瀚宇宙，發展航天事業，建設航天強國，是我們不懈追求的航天夢。」整篇文件談的都是太空產業如何有助於中國成長，有助於「外太空探索與利用的全球共識與共同努力，有益於人類進步」。文件中一一列舉中國迄今為止的各項成就，還對中國新一代載人飛船、人類登月、在月球建立國際研究站、以及探討小行星與深入太空的計畫做了說明。報告中還談到「探索木星系統等等」，這話頗為耐人尋味，「等等」指的是什麼，只怕大有文章。

根據這項「觀點報告」，中國航天計畫的「任務願景」是「自由進出、有效使用與有效管理太空」。這「自由進出」與「有效管理」的表述，不啻是對美國、以及任何不讓中國進軍太空的意圖的警告。二〇一九年，中國登月計畫負責人葉培建說，「如果我們現在儘管有能力卻不上去，有一天我們的後代子孫會罵我們。如果其他人上去了，控制了那裡，即使你想去也去不了。單單這個理由已經夠了。」

文件中明文呼籲聯合國「在外太空事務的管理」上扮演核心角色。它指出，自從二〇一六年以來，中國已經與包括巴基斯坦、沙烏地阿拉伯、阿根廷、南非與泰國等十九個國家與地區，以及四個國際組織簽署航太協議或諒解備忘錄。它強調與歐洲太空總署、瑞典、德國與荷蘭的合作。它大吹大擂，說中國已經為許多國家提供衛星發射服務，還為寮國、緬甸等開發中國家開放其設施。

這一切表述的主旨，就在於打擊北京所謂「美國主控太空治理的意圖」。中國與美國在過去許多年也曾嘗試合作。一九八四年初，雷根總統同意讓一名中國航天員登上美國太空梭出行。一九八六年，為準備中國航天員參與的事，一群中國科學家原本計劃訪問休士頓載人太空船中心，但在那年一月，「挑戰者號」（Challenger）太空梭在升空後七十三秒爆炸，所有七名太空人全部罹難。這項訪問取消，所有的「客座計畫」都無限期暫緩。

在美國國會根據二〇一一年「伍爾夫條款」（Wolf Amendment），為航太總署與中國的合作設限之後，中國被阿蒂米絲協定排斥在外。當時擔任共和黨國會議員的法蘭克·伍爾夫（Frank Wolf），所以提出這項條款的理由是，有鑒於太空探討、科技進步與中國軍事之間的關係，中國對美國構成的威脅越來越大，美國不能與這樣的競爭對手合作。特別是，美國人擔心中國可能對航太總署電腦與美中聯合研究項目進行智慧財產剽竊，將竊來的資料用於彈道飛彈等敏感軍事科技。

根據已知資料，中國駭客曾短暫侵入美國國防部、國防部長辦公室、美國海軍戰爭學院（US Naval War College）、一座核武實驗室、以及白宮的電腦系統。遭美國破獲的傳統間諜活動更多。以二〇〇八年為例，住在維吉尼亞州的華裔美籍科學家舒全勝，因為將美國火箭液態氫燃料槽的情報交給北京而被定罪。二〇一〇年，前波音（Boeing）工程師鍾東蕃，因為將三十幾萬頁敏感情報——包括有關美國太空梭的情資——提供中國而被定罪。

在遭到阿蒂米絲協定排擠之後，中國開始打造自己的空間站，不只與國際太空站放對，也跟許多國家建立戰略科學關係，並建立一個至少看起來與美國一樣先進的國內航天產業。在沒有來自美方奧援的情況下，中國做到了這一切。

這令人印象深刻。而且中國人動作很快：軍機飛行員楊利偉少將於二〇〇三年成為第一個進入太空的中國人。中國自行研發的「長征二F」火箭將載有楊利偉的太空艙送進軌道。楊利偉在二十一小時的飛行中，環繞地球十四圈，中國也因此成為第三個將人送進太空的國家。《中國日報》稱楊利偉此行是「飛向天空的大躍進」。

好成績不斷出爐。戰鬥機飛行員劉洋少校於二〇一二年成為中國第一名女性航天員。二〇一四年，中國完成專供大直徑「長征」火箭（這類型火箭需要在水邊發射）的文昌發射場。二〇一六年，兩名航天員的飛船成功靠上「天宮二號」空間站，在空間站停留了一個月。

二〇一九年，無人太空船「嫦娥四號」探測器在月球背面登陸。這次任務是中、美兩國合作潛能的又一個例子。美國航太總署奉准可以為中方提供有關登陸區資料，兩國之後同意，將這項協調作業的發現成果，透過聯合國與國際科研學界共享。二〇二〇年，最後一顆北斗衛星進入軌道位置，挑戰美國「全球定位系統」（GPS）的北斗導航系統於焉完成，是另一值得一提的日子。翌年，王亞平成為中國第一名太空漫步的航天員。

對中國而言，或許在上一個十年，最重要的里程碑是火星漫遊車的環軌、登陸、與之後的佈署。「天問一號」探測器於二〇二一年二月抵達火星軌道，花了三個月搜尋適合登陸的地點。五月十四日，「天問一號」攜帶的祝融（火神）漫遊車脫離載具，在火星軟著陸，隨即展開火星地形觀測活動，搜尋水源，並且將聲音與畫面訊號送回地球。現在火星上有了三輛運作中的漫遊車：祝融號，以及航太總署在早先兩次任務送上火星的「毅力號」（Perseverance）與「好奇號」（Curiosity）。

所有這一切都讓中國引以為傲，也都與共產黨的神話交織、糾葛。中國的「長征」火箭以一九三四到三五年內戰期間，共產黨一場著名的撤軍行動命名。當時紅軍敗退九千公里，穿越崎嶇山區徹入安全地帶。毛澤東隨即掌權，最後擊敗反共的政府軍。「長征」因此成為中國共產黨創黨神話的一章，中共每在談到英勇犧牲、完成重大成就時，常以它做為例子。「長征」火箭將中國推上太空，完成偉大任務，極具象徵意義。

但有趣的是，近年來中國在大肆宣揚共產主義優勢方面似乎有所軟化，開始擁抱民族主義元素，以及來自集體歷史記憶的神話。太空任務與裝備的命名反映了這種趨勢。舉例說，在二〇〇七年，無人環繞月軌探測器「嫦娥一號」就取名於中國民俗神話。根據這篇神話，美女嫦娥偷喝了丈夫的長生不老藥，飛上月亮，成為月宮女神。嫦娥養了一隻兔子，名叫「玉兔」，玉兔不斷在月宮忙著，在一個缽裡磨製長生不老藥，以保證嫦娥用藥無缺。當嫦娥三號於二〇一三年登陸月球表面時，使用的登月車就叫「玉兔號」。

同時，搭「神舟」太空船登上「天宮」空間站的航天員，得為他們能來到這裡而感到慶幸。根據中國神話，主宰宇宙萬物、至高無上的大帝，就住在這座「天宮」。用來特指中國太空人的英文字「taikonaut」是中文與希臘文的組合，「taikong」是中文音譯，意即「太空」、「宇宙」，而「naut」是希臘文「海員」、「水手」之意。「taikonaut」的稱謂，因中國太空分析師陳藍，以及他的網站「Go Taikonauts!」發揚光大而流行。中國太空人的官方名稱是「宇航員」，也就是「宇宙旅者」（或者，更不好聽一點，就是「在宇宙流浪的工人」。）

這些名字很重要。它們向世人傳遞一種訊息：太空不是美國人與歐洲人專屬領域，每有一個月亮女神，就有一個嫦娥。

中國的太空計畫（就像俄國與美國的一樣）也遭遇許多挫敗。一九九五年，一枚火箭在點火起飛後爆炸，至少六名地面工作人員死難。這場悲劇的確實詳情仍然無法得知，說明就許多方面而言，中國仍是一個封閉的社會。一九七二年，兩度榮獲普立茲獎（Pulitzer Prize）的歷史學家芭芭菈・塔克曼（Barbara Tuchman），在結束中國之行返美後寫道，「除了語言障礙外，我還得在這個全世界最封閉的社會，對一個相對秘密、由政府管理的項目進行分析。中華人民共和國雖說為加速經濟成長而擁抱資本主義生產模式，但這是一個共產黨統治的共產國家，由上而下各級政府的政策都是機密，也是不容忽視的事實。」中國已經在許多方面有所改變，但塔克曼這番話至今仍然真切。

儘管中國的航天計畫始終expanded籠罩在機密中，依據常識判斷，中國的火箭發射能力已經相當齊備，而且還在不斷擴展中。中國國家航天局在全國擁有幾個發射場。最老的是戈壁沙漠中酒泉附近的發射場，二〇〇三年楊利偉就是從酒泉發射場升空的。同樣設在戈壁沙漠的太原發射中心發射過氣象衛星，但也是中國洲際彈道飛彈系統的一環。四川省境內有西昌衛星發射中心，比較現代的文昌航天發射場則位於海南島，現在負責將航天員送上中國空間站，以及進行較長期的無人任務。中國還在東海岸港都、距上海兩個半小時車程的寧波興建第五個發射設施。預計不出幾年，寧波發射場就能用所謂「連發」（quick-fire）升空的作法，一年發射一百枚商業火箭。寧波發射場與佛羅里達卡納維爾角的甘迺迪太空中心一樣，都位於海邊，換言之火箭不必飛越陸地，而且緯度適宜，火箭升空後可以迅速突破大氣。中國太空任務的控制中心一般設在北京，或在華中的西安。中國還設有地面追蹤站全球網路，協助監管太空交通，以及與中國衛星與空間站的通信。這些網路在納密比亞、巴基斯坦、肯亞、瑞典、委內瑞拉與阿根廷等國都設有基地。國家航天局還擁有一群怪裡怪氣的追蹤船，巡弋全球各處海域，用聳立在甲板上的巨形天線碟與各式雷射裝備，不斷掃描天際，觀察衛星與飛彈。

寧波的新航天港，距離長江口商業衛星發射產業園區僅僅幾里之遙。與其他主要發射中心不同的是，寧波距離上海很近，享有接近巨型海港與太空產業中心的地利之便，適合與既有供應鏈整合，極可能在未來太空計畫中扮演關鍵角色。

地方官員希望寧波能成為「中國的航天城」。中國最大車廠「吉利」的總部就設在寧波，而且正在大舉投資衛星設計與航太相關產業。二〇二二年，吉利用西昌發射場發射了九顆自己的衛星進入地球低軌，展開初階段衛星網路建設，為自駕車提供更精密的導航系統。

商業太空產業正在中國崛起。就民間投資而言，中國仍然落後美國，但為了搶在低地軌過於擁擠以前升空，特別是在衛星設計、建造與發射方面，中國公司正在積極投資。中國共產黨在二〇一四年開始鼓勵民間投資太空產業；不過就像所有其他中國產業一樣，企業與國家的關係仍比大多數其他的國家都重。中國目前有一百多家有關太空產業的民營公司，但其中許多是國營產業的分枝。舉例說，武漢「航天工業園區」的火箭製造廠「航天科工火箭技術公司」，又稱「ExPace」，就是國營「中國航天科工集團」的子公司。

也有一些民營企業與政府保持距離，以i-Space為例。這家公司於二〇一九年發射「雙曲線一號」（Hyperbola-1）火箭，成為中國第一家完成環軌作業的民營公司。不過，它之後在二〇二一年的兩次發射都以失敗收場。其他不少民企也遭與重挫。為緩解這個問題，中國政府根據所謂「軍民融合」的國家級戰略，正逐步將一些過去列為國家機密的科技與專業移轉民企。透過這項國家級戰略，中國以一種比美國更正式的方式，將公、民營企業與全國頂尖研究機構結合成頗具科技優勢的群體。在一個競爭非常激烈的市場，這些新群體必然有一些會敗陣，但有一些也必將勝出，成為全國、甚或全球領先的業者。

擁有充滿活力的龐大勞動隊伍，是中國的一大優勢。根據預測，中國將出現長程人口問題：到二〇五〇年，六十歲以上人口將佔全國人口總數三分之一。但就目前而言，它還能培養出眾多科學家與工程師。單單一所「北京宇航學院」就有兩萬三千名學生。自進入二十一世紀以來，中國每年學成畢業的工程師人數都在增加，而美國方面的這項數字則逐年遞減。

自一九八〇年代中期以來，「全球定位系統」為美國經濟嘉惠良多：美國農民利用它做最有利的土地規劃，城市與城市間的郵遞服務效率因它而提高，金融機構可以為交易打上時間印章，船東門可以追蹤他們的船隊蹤跡。將這一切看在眼裡的北京，在不久的將來，也會進一步研發它的北斗導航衛星系統，運用於各種產業。研究顯示，全球定位系統使美國經濟獲利一萬四千億美元，其中大部分的獲利來自過去十年。北斗系統已經植入約三億三千萬支行動電話與八百萬輛汽車。加密軍用版北斗比民用版更精確，將用來作為跟監中國人民解放軍與其他國家軍隊之用。

中國打算在今後十年發射至少一千顆衛星。針對無力自行發射火箭、沒有自己的衛星的開發中國家，中國會不斷增加它的衛星發射服務。中國會用這種作法加強與開發中國家的雙邊關係，讓它們離開美國，投入中國懷抱。「硬X射線調製望遠鏡」——「慧眼」——是中國第一顆X光天文衛星，它觀察黑洞，發現宇宙中最強大的磁場。「慧眼」是中國在太空競賽的一項勝利。看來中國會運用科研衛星爭取更多這樣的勝利。

中國可能已經有了一架現役太空飛機。如果還沒有，中國一定會造一架。所謂太空飛機就是長了翅的火箭，它可以垂直起飛，進入離地表八百公里的太空，在太空飛行，然後像飛機一樣著陸。美國自二〇一〇年起就有一架太空飛機：X-37B。X-37B狀似現已退休的太空梭，但比太空梭小，機身長約九公尺。它只飛過幾次任務。這些任務的內容是機密。

中國版太空飛機更神秘。一般認為它至少曾經一次飛上太空，但即使這一次飛行的真實性也難以確定。根據記錄，我們知道中國野心勃勃，計劃登陸小行星，用二十一世紀科技開採藏在小行星裡的財富。這些小行星有些縱深好幾十公里，蘊藏價值數以億美元計的巨大金屬礦藏。在中國眾多新創中，一家名叫「起源太空」（Origin Space）的公司已經發射一個機器人原型進入軌道，捕捉、搗毀太空垃圾，以便進一步研發能夠在小行星採礦的機器。

中國還打算再次上火星探險。僅僅是抵達火星已經不易，但除了美國與歐洲太空總署之外，中國也計劃上火星表面挖掘一些泥土與岩石樣本，再將它們送回地球。不僅如此，北京也有意探索木星與土星。

然而，或許最具重大政治意義的是中國即將展開的登月之旅。

二〇二一年，中國與俄國簽署一項諒解備忘錄，同意將在月球建一個叫做「國際月球科研站」（International Lunar Research Station, ILRS）的基地。他們計劃分三階段進行：第一階段為「偵查」，要在二〇二六年以前完成三次載人任務；之後「登陸」月球，第三階段為「返航」。中方發表的聲明說，兩國將「在月球南極進行科研探索，以便在當地構築建立月球研究站的基本結構」。所以選定月球南極進行探索，是因為當地的冰火山口可能有水源。

中國的一個無人太空船在月球背面登陸時，在地面插了一面中國國旗，並在它考慮建立基地的一個地區展開土石挖掘。有些報導說，中國希望在二〇二八年就在月球建立永久基地，但這樣的目標未免太過誇大；比較實際可行的達標日期是二〇三〇年，而且就算直到二〇三〇年才能達標，已經非常不易。

這第一座結構將用來採礦，開採資源讓基地成長——主要是水資源，這也是選在南極建立基地的原因。莫斯科與北京說，他們計劃將這座基地在二〇三五年全面開放；美國領導的阿蒂米絲計畫訂定的時間表則較為模糊。

就像一九六九年的登月一樣，在月球建立基地也會喚起一代世人的遐想。世人將因此對科技的神奇——同樣重要的，對這個先聲奪人的國家或聯盟——艷羨有加。它代表的意義不僅是「插旗」而已：它還攸關搶佔軍事與商業優勢「高地」。捷足先登者的戰利品除了月球的潛在財富以外，還包括能利用它作為「重力點」，佈署讓競爭對手難以監測的軍用衛星。

有關太空「地理」的進一步權益主張會在今後幾年陸續出現。中國已經是唯一一個擁有自己運作的太空站——天宮三號——的國家。擁有唯一主權的太空站，雖說不像建立月球基地那樣聳人聽聞，但就天體政治而言，已經是一大成就。名氣較響亮的「國際太空站」是一項「合作方案」，參與的國家包括歐洲諸國、日本、俄國、美國與加拿大，曾招待過來自十九個國家的兩百五十名太空人。但「天宮」是中國獨有、獨自運作的太空站，預期將一直運作到二〇三七年。二〇一一到二〇一六年間建造的天宮一號與天宮二號，是天宮三號的測試版，與之前兩款相形之下，天宮三號幾乎重了三倍，而且大得多。副首席設計師白令豪（Bai Linhou，譯音）說，執行為期六個月任務的航天員會覺得他們好像「生活在別墅」一樣。實際狀況是，天宮三號空間站的生活條件，不會類似擁有一切現代享受的度假屋，而更像是不很實在的Airbnb民宿。因為它只有三個組合艙，而國際太空站有十六個艙。不過它的視野很好，一旦「巡天空間望遠鏡」加入後，還會變得更好。巡天望遠鏡與哈伯望遠鏡大小近似，都有一面直徑兩公尺的鏡子，但據說「巡天」配備一個能捕捉二十五億像素的攝影機，視野比哈柏強三百倍。航天員在天宮空間站上的研究科目包括太空醫藥、生物技術、微重力燃燒、流體物理、3D列印、機器人、定向能量束與人工智慧等等。天宮空間站一般會在距離地表四百公里上空，像國際太空站一樣，有時可以用肉眼看到。

國際太空站最晚得在二〇三〇年前退役。由於它的關門，一小扇機會之窗或為中國而開。阿蒂米絲計畫中有一個項目是「月球門戶」（Lunar Gateway），這是一個環繞月軌運行的小型太空站，作為讓太空船、太空人、登月艙與登月車在繁忙旅途中進行再補給的中轉站（詳見本書下一章）。但一旦「月球門戶」的打造進度出現嚴重延遲，天宮將成為國際太空站訪客的唯一可供棲身之所。中國人可以藉此展現中國的好客、合作精神，還有……領導地位。

北京已經說，它希望招待到訪的國際太空人，願意「與全世界所有的國家一起，為外太空的和平使用而努力」。根據不同國家提出的一份總計四十九個項目的清單，北京已經批准多項預定在「天宮」進行的科研實驗。挪威領導的一個名叫「太空腫瘤」（Tumours in Space）的項目獲選，就是一個例子。這個項目預定二〇二五年展開，觀察太空的微重力與輻射對腫瘤成長的影響。

人類正面對來自地球與太空的挑戰，而高科技與工程是這項挑戰的成敗關鍵。今後十年，中國與美國在這兩個領域看來仍將各行其是。兩國合作有其可能。用殺傷力比較小的法規替代「伍爾夫條款」對問題會有幫助。而且就算伍爾夫條款仍然有效，由於這項條款以航太總署為特定對象，美國國防部與國務院仍有探討雙邊互利管道的空間。

聯盟／阿波羅太空人的「太空握手」，有助於美國與蘇聯之間的「和解」。冷戰結束後，俄國與美國在國際太空站的合作，為兩國架了一座橋，讓兩國至少可以試著建立較佳的關係。重返月球是又一個這樣的機會。

無論是中國或是美國，能不能、願不願意利用登月之旅嘗試「太空關係大躍進」，取決於兩國在地球上的關係。

第六章　美國：回到未來

「人一旦抵達目標，就不應折返。」

——普魯塔克（Plutarch，譯按：羅馬帝國時代希臘作家）

去過了，事也做了，航太總署（NASA）的T恤還賣到缺貨——那麼，又有什麼必要重返舊地？上一次人類登陸月球已是半個多世紀以前的陳年往事：一九七二年十二月十四日，尤金．「金恩」．沙南（Eugene 'Gene' Cernan）成為第十一個在月球表面漫步的人。從那以後，美國人就一再提出是否應該重返月球的問題。

這個辯論出現各式各樣不同的答案。有人認為太空探險的成本過於昂貴，人類應該把注意力聚焦於更世俗的問題。有人認為，火星才是重點，我們應該直奔火星。就目前而言，主張我們必須重返月球的一派人取勝。他們提出許多必須重返月球的理由，其中包括月球是火星探險的發起站。他們計劃在本世紀二十年代結束時登月。

值得注意的是，中國沒有出現類似辯論。在中國，太空探索是國家發展的重要部分已經是不爭之

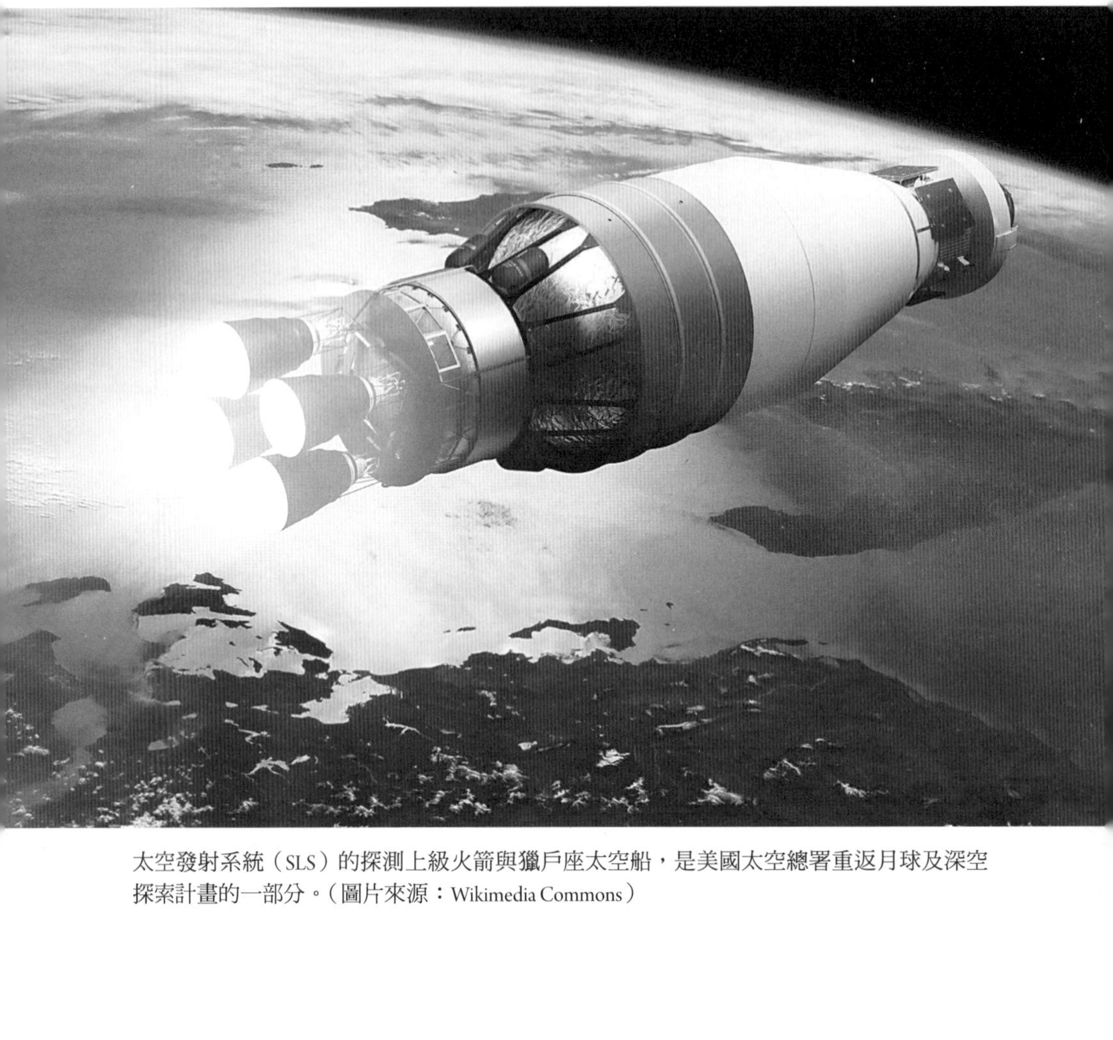

太空發射系統（SLS）的探測上級火箭與獵戶座太空船，是美國太空總署重返月球及深空探索計畫的一部分。（圖片來源：Wikimedia Commons）

實。國家主席習近平也說，中國要在二〇四五年以前超越世上所有其他的國家，成為太空領先強國。習近平這項宣布更讓中國人對此深信不疑。

當然，對北京的政治局決策高層來說，民意調查、反對黨、與針對預算的民主監督等等都不是問題。也因此，中國發展太空計畫的腳步可以很穩。美國的情況大不相同。

太空仍然是令眾多美國人魂牽夢縈的議題，但作為一項政策，它只能勉強擠上選舉年新聞，稍不留神就淪為一灘死水。它不時遭到突如其來的政治衝動與經濟逆風沖擊。偶而流行，它也會成為鼓舞人心的工具，但在其他時刻，它只是一件成本不貲、令人頭痛的事。

在登月以後那幾年，這種現象尤其明確。美國科技高奏凱歌，太空競賽已經打勝。社會大眾的興趣逐漸退潮；經費也削減了。美國作家湯姆．沃爾夫（Tom Wolfe），他曾有一段頗為賴人尋味的敘述：事實證明，登月之旅是「尼爾．阿姆斯壯的一小步，是人類跨出的一大步，也是對航太總署的一記致命痛擊」。

甘迺迪總統在一九六二年的「登月」演說，誓言要在幾年內將人送上月球，將美國人在六十年代初期展現的樂觀與進取精神嶄露無遺。就美國太空計畫而言，甘迺迪展示的這種信心，以及對太空與地緣政治兩者之間關係的了解，可以稱得上後無來者，唯一差堪比擬的只有雷根政府。甘迺迪這番豪語絕對是時代產物，而那個時代是冷戰時代。

所有的載人登月行動都在尼克森總統（一九六九—一九七四）任內完成，不過尼克森只是繼承前任留下的阿波羅計畫而已。航太總署原本計劃大展雄圖，要在一九八〇年完成月球基地，在一九八三年送太空人上火星，但尼克森刪了這些計畫，決定造太空梭，之後太空梭於一九八一年展開作業。尼克森曾說，阿波羅十一號歷時七天的任務是「自造物以來，世界史上最偉大的一周」，但在阿波羅十一號凱旋之後不過幾個月，尼克森告訴助理，他看不出美國太空人有什麼不斷重返月球的必要。尼克森很清楚阿波羅任務的成本與凶險，也知道民眾的熱情已經隨第一次登月結束而逐漸降溫。

就這樣，在一九七二年，哈里森・「傑克」・施密特（Harrison 'Jack' Schmitt）與金恩・沙南駕駛的阿波羅十七號，進行了美國最後一次載人登月任務。沙南在返回登月艙的最後幾步路上停下來，跪在月球地表塵土上，寫下女兒崔西（Tracy）的姓名縮寫「TDC」。他隨即講了一小段話：「帶著全人類的和平與祝願，我們還會回來。」他返回登月艙，手指放在登月艙點火按鈕上。沙南日後回憶，美國人在月球上說的最後幾句話如下：「好啦，傑克，我們把這狗X的駛離這裡吧。」

堪稱人類最偉大科技成就的阿波羅計畫，就此劃下句點，說起來有些奇怪。在登月艙與主太空船合體後，阿波羅十七號舉行了一次實況記者會。但美國電視網路懶得為它作直播。

月球探索就此成為歷史，航太總署得放棄用一次就得拋棄的火箭，另尋一種成本較低廉、能夠說服白宮的代替方案。航太總署決定改用可以多次使用的太空梭，將人與「有效載荷」（payload，譯按：或稱「酬載」）送入低地軌道。太空梭果然能將人與有效載荷送入低地軌道，但財務成本較原本的預算預估高出許多，而且由於技術設計方面的瑕疵，還造成人命損失。

太空梭在一九八一年進行第一次軌道試飛，之後三十年間，「太空梭計畫」（Shuttle Program）飛了一百三十五次任務。太空梭停靠「和平號太空站」（Mir Space Station）、將哈伯望遠鏡送入軌道、協助打造國際太空站等等，成就不凡，但一九八六年一月發生的「挑戰者號」爆炸事件為這項計畫寫下句點。雷根總統在致挑戰者號組員的悼念詞中說：「未來不屬於膽怯者；唯勇者能擁有未來。挑戰者號組員引領我們走向未來，我們會繼續跟隨他們前進。」事件調查結果發現，航太總署官員做了太多假設，認定太空梭可以承受發射過程中的小差錯。太空梭計畫因此停擺了幾近三年，直到對發射過程中使用的火箭推進器進行無數設計修改之後，才重新啟動。

在軍事陣線上，雷根支持人稱「星戰」的「戰略防衛行動」——主張在太空與陸地建立一道飛彈與雷射網路。由於研發雷射的科技難題過多，也由於這麼做可能導致與蘇聯武器競賽的政治反對意見，「星戰」網路一直沒有建造。不過，有關「星戰」的若干科研成果為今天的飛彈防禦科技鋪了路。

喬治．布希（George H. W. Bush）總統（一九八九－一九九三）支持在月球與火星建造基地，只是始終沒能說服國會通過相關預算。繼布希之後入主白宮的比爾．柯林頓（Bill Clinton）總統（一九九三－二〇〇一），執政期間適逢美國經濟成長。國際太空站在他的第二任總統任期過半時開工建造，不過沒有人討論關於月球或更遠的計畫。

在喬治．布希的兒子小布希（George W. Bush）當選總統（二〇〇一－二〇〇九）後，事情改變了。二〇〇三年，太空梭「哥倫比亞號」（Columbia）在重返地球大氣層時解體，像挑戰者號一樣，所有七名組員全部喪生。從初步試飛起算，太空梭這時的死亡失事率已經高達六十七分之一次。航太總署原本說，太空梭每個月都能升空一次，但事實是想在每三個月升空兩次都很困難，而且成本高昂，導致許多商業公司另循管道將它們的衛星送進軌道。小布希在二〇〇四年訂定計畫，讓整個太空梭機隊退役，集中全力於二〇二〇年重返月球。

航太總署獲得經費，研發一艘更現代化的載人太空船、一輛登月車與兩枚新火箭。當時擔任航太總署署長的麥克・葛里芬（Michael Griffin），把這項計畫稱為「打了類固醇的阿波羅計畫」。它注定行不通。因此計畫出現延宕，航太總署在五年之間花了九十億美元，成本大為超支。巴拉克・歐巴馬（Barack Obama）總統於二〇〇九年上台，抱持「走到哪，做到哪」的觀點。歐巴馬上任後採取的第一批行動中，就包括刪減航太總署預算。他說，美國應該以小行星為目標，為之後的火星探險鋪路。歐巴馬任內的太空計畫乏善可陳，然後唐納德・川普（Donald Trump）上台了。

歐巴馬總統撕了小布希的計畫；現在川普總統又撕了歐巴馬的計畫。小行星出局。月球再領風騷。倒不是說這一切只因為川普想將歐巴馬政府的作為翻盤；事情沒這麼簡單：太空旅行的成本降低了，科技已經進步，月球上可能有水源與珍稀礦藏，而北京似乎打算向月球「大躍進」。

根據川普在二〇一七年宣布的「阿蒂米絲」計畫，美國要在二十年代結束以前將人送上月球，並在三十年代在月球建立基地，然後遠征火星。美國納稅人預計將為這項計畫支付九百三十億美元。

拜登總統承繼這項計畫，將計畫監督權委交副總統卡瑪菈・哈里斯。計畫開始朝目標進行，政府也按照預算逐步行事，只不過拜登更關心的是美國太空政策的軍事與商業面，登月與探險火星的事幾乎不在他心上。

歷屆美國政府的這些作法，與美國民眾關心事項的優先順位大體吻合。在一九六九年，百分之五十三的美國人認為，美國太空政策帶來眾多好處，錢花得值。但到一九七〇年代中期，只有四成美國人仍然抱持這種想法。自一九八〇年代以降，支持投入太空政策的美國人一直維持在百分之五十以上。「晨間諮詢」（Morning Consult）在二〇二一年進行的一項調查發現，只有百分之二十四的受訪者認為航太總署預算過高。同樣這項調查還問到民眾對於政府太空政策優先順位的意見。約百分之六十三的美國人認為，太空政策應該以協助對抗氣候變化為主，百分之六十二的人認為監控可能撞擊地球的小行星最重要。只有約三分之一的受訪者認為美國應該以送太空人上月球、上火星為首要太空任務。

這些數字反映美國人對太空政策重點的考量，不反映美國人對太空事務興趣缺缺。在許多國家，民眾一般認為太空旅行是國家的事，但美國是特例。美國人比較會說太空旅行是民營產業的事，民企比政府更能因應太空旅行帶來的驚人挑戰。這種態度的效應很明確。美國公司在商業領域領先。美商持續評估太空採礦的成本與利潤，投資與競爭情勢也不斷升溫。

不過，民調數據顯示，大多數的美國人認為，中國是美國太空領導地位的一大威脅，美國人要維護美國支配的優勢。但談到建立月球基地的問題，如今的美國人，已不再像冷戰時期那樣堅信自己非得「贏得太空競賽」不可。但在軍事這方面，美國決心因應來自中國或俄國的挑戰。

本書在之前一章討論了中國政府的太空政策與目標。它們與美國政府的太空政策與目標極其類似。這其間既有好消息，也有壞消息。好消息是兩國都論及合作——舉例說，美國在它的二〇二二年「太空優先架構」（Space Priorities Framework）文件中說，美國要「證明太空活動可以用負責、和平而永續的方式進行」。但文件中也說，「美國將領導全球，加強太空活動的治理。」而根據中國與俄國的太空政策與目標，美國可沒有這個角色。

文件中沒有指明中國與俄國，但以下這段話，除了意指中、俄以外實在想不出還能指誰：「競爭對手國的軍事戰略，將太空視為現代戰爭重要一環，認為反制太空戰力的使用，既能削減美國軍事效能，又能幫它們在未來戰爭中取勝。」也因此，「為嚇阻侵略……美國將加速轉型，建立更有韌性的國家安全太空態勢。」

太空競賽緊張情勢的升溫已經持續一段時間。在中國二〇〇七年用「動能攔截器」擊毀自己的衛星以後，美國也發射了自己的動能攔截器。中方懷疑，美方此舉是對中方的「還以顏色」，但同樣可能的是，美國所以擊毀自己的最高機密間諜衛星，未必與中國此舉有關。

二〇〇八年二月二十日晚十時二十六分，美國海軍「伊利湖號」（USS Lake Erie）巡洋艦向太空發射一枚飛彈。四分鐘以後，飛彈在地表上空二十四萬一千公里、比地球更接近月球的太空，擊中「美國一九三號」衛星（USA-193）。一九三號可不是年老、過期的衛星，而是擁有最新、最高機密間諜軟體的高科技衛星。這顆衛星約有一輛單層巴士大小，在二〇〇七年進入軌道後不久就告失控。它如果墜落地球，可能造成的太空垃圾風險很低，但它的鈦質油箱中仍藏有一千磅劇毒的「聯氨」（hydrazine）燃料。航太總署向小布希總統簡報，說這顆衛星一旦在失控情況下重返地球，可能造成極大傷害。於是小布希批准「燃霜行動」（Operation Burnt Frost），將它擊毀。

伊利湖號的「宙斯盾彈道飛彈防禦系統」（Aegis Ballistic Missile Defense System）在過去幾年的試射中，

從沒攻擊過飛得這麼高、這麼快的目標。這是美國海軍的重大挑戰。這次射擊不是演練，是玩真的。對美國人來說這是一項未經嘗試的新領域。飛彈必須命中衛星的油箱。稍有偏差，即使擊中衛星也未必能竟全功。飛彈以三萬五千多公里的時速撞正在油箱上，油箱爆炸，演出一場眩目的太空煙花秀。一九三號衛星碎裂，但與中國動能攔截器一年前造成的太空垃圾相比，美國人這次射擊造成的垃圾少得多。

在北京與莫斯科眼中，「燃霜行動」是美國冷戰軍事活動在太空的延續。這項行動一開始或許並非刻意要引領美國走向「反衛星」時代，但它的確成了轉捩點，讓美國正式踏入這個領域，並從此不斷擴展太空軍事實力。

二〇一九年，美國政府建立「太空軍」（Space Force），成為美軍最新成立的第六個軍種（其他五個軍種分別是陸軍、海軍、陸戰隊、海岸防衛隊、與空軍）。太空軍由一名四星上將領軍，這名上將與其他軍種首長同為「聯合參謀首長」（Joint Chiefs of Staff）一員。太空軍負責管理偵監飛彈發射的GPS衛星，擁有陸基干擾裝備，可以阻斷敵衛星的訊號傳輸。它還能追蹤太空垃圾。

太空軍每年編列預算約為兩百六十億美元，隨著人們逐漸意識到太空在現代戰爭的核心地位，這項預算的金額可能也會逐年調漲。就目前而言，太空軍是美軍六大軍種中規模最小的一支，只有總計一萬六千名軍職與文職人員，駐區包括國防部的太空軍總部、科羅拉多州夏延山（Cheyenne Mountain）與洛杉磯空軍基地。由於成軍不久，它還不具備一種強有力的建制文化，但反之，也因身為「新創」而能從新構想獲利。說起來不很重要，但太空軍的軍徽頗引人遐思。它看起來像極了《星艦迷航》中的「星際艦隊指揮部」（Starfleet Command）標誌。喬治．塔凱（George Takei，就是「蘇魯」（Sulu），老一輩的《星艦迷航》影迷〕還因此說，「我們應該可以索取一些版權金……」從好的方面來說，太空軍的座右銘「semper supra」（意即「永遠在天上」）意境讓人嚮往，唸起來也頗為鏗鏘有力。

自成軍以來，有關太空軍角色的辯論一直不斷。當太空軍成立時，有人指責它將太空「軍事化」，不過這項批判忽略了一個事實：早在人類第一次衝出大氣層起，太空就已經軍事化了。而且如前文所述，蘇聯與美國早在冷戰期間已經用衛星相互窺探，組成美國太空軍的單位，早在成軍以前已經在美國空軍架構內做著類似工作。「太空是一處交戰區」的說法或許煙硝味過重，但也是不爭之實。

就實用面來說，太空軍的任務，應該是將軍事力量投入太空深處，還是應該透過偵監、飛彈警告、通信、定位與導航，為傳統武力提供支援？第二種作法目前似乎佔有上風。儘管「太空軍」這個名號，讓人想到美國太空飛機用雷射攻擊月球上敵軍碉堡的畫面，但規模遠較龐大的傳統軍種看來將在勢所難免的地盤爭奪戰中取勝，保有太空戰攻勢主導權。

就軍事而言，美國明顯領先中國——至少目前如此。太空軍司令大衛．湯普森（David D. Thompson）將軍在二〇二一年提出警告說，「事實是，基本上平均而言，他們正以兩倍於我們的速率建構、佈署、提升他們的太空戰力，這意味，如果我們不開始加速我們的發展與交運能力，他們很快就會超越我們。」根據湯普森的估算，中國可能在二〇三〇年超越美國。他的推測可能不錯，但中國就算只想縮短與美國的差距，也仍有很長的路要趕。中國的軍用太空活動預算不透明，但幾乎可以確定比美國少得多。在二〇二三年年初，環軌運行的衛星約有四千九百顆；其中美國人包辦了幾近三千顆，中國的衛星有五百顆。

華府在預警衛星上投入巨資。這種衛星運用感應器偵測彈道與極音速飛彈發出的紅外線熱訊號，然後經由安全線路，將這些數據傳回地面軍事指揮中心。以上就是美國正在低地軌建造的衛星「鋪軌機」（Tracking Layer）的一部分。美國希望到二〇二八年能建立一百個這樣的系統，作為對抗高速機動飛彈的防禦盾。

美國也正在研發可以佈署在太空的雷射武器。美國海軍自二〇一四年以來已經擁有若干版本的「雷射武器系統」（Laser Weapon System）。二〇二二年，海軍用一種全電力的高能雷射武器擊落一枚高速飛行的巡弋飛彈，戰力因此大幅提升：一道看不見的能量束鎖住這枚飛彈，不出幾秒鐘，飛彈的部分彈體開始發出橘光，引擎隨即冒煙，飛彈也搖擺著墜落。這個系統一旦建立，發射「殺手」能量束的成本不過是幾美元電費而已。相形之下，單單一枚導向飛彈的成本就可能高達數萬、甚至數十萬美元。根據目前已知，這種雷射武器只能佈署在地面，但如果任何一個太空大國能在衛星上裝備它們，其他國家必將跟進。

可以重複使用的太空飛機是「秘密卻不是太秘密」的一個成長領域。太空軍控有的無人機X-37B，已經展開據信是它的第六次任務，在太空停留了兩年多。X-37B究竟用這麼長的時間在太空做些什麼是機密。根據太空軍的說法，X-37B「是一個實驗性項目，目的在為一種可靠、可以重複使用的無人太空測試平台進行科技測試」。這種不痛不癢的聲明，當然不能讓中國與俄國就此放寬X-37B是一種武器的疑慮。在X-37B運作期間，一家俄國國防公司負責人曾言之鑿鑿地說，X-37B攜有三枚核子彈，可以從軌道擲向莫斯科。

這個說法不僅有悖物理法則，與軍事戰術也不相容，只能說它令人難以置信，而且傻得離譜。還有人說美國用X-37B監視俄國——這種說法比較沒那麼荒唐，但即使如此，我們仍然很難想像X-37B能做到什麼衛星不能做到的事。X-37B或許負有軍事任務，但它不大可能在起飛前藏入核子武器，使用巨量火箭燃料，這不會是它的任務。我不知道它的任務是什麼。但我想知道。

無論太空軍的任務是什麼，這項任務必定遠大。在二〇二〇年，一份文件描述了太空軍任務的地理侷限。這份文件的措辭顯示，太空軍任務沒有地理侷限。文件指出，「截至目前為止，任務極限為近地太空，直到同步軌道（距地表兩萬兩千兩百三十六哩）左近。隨著新的美國公、民營作業深入地月空間，美國太空軍矚目的領域會延伸到二十七萬兩千哩以上——擴大超過十倍。」這樣的任務極限大概可以稱得上是無限了。

這份文件明白顯示，太空過去是航太總署的責任區，現在也是軍方責任區。如果武器競賽燒到太空，太空軍不會缺席，不過戰場會碩大無比。盯著低地軌的衛星已經夠難，但現在太空大國還得留神競爭對手在低地軌與月球之間幹些什麼。

這兩者在戰略上相互關聯。就理論而言，全面控制低地軌的國家可以運用這種主控權，防止其他國家前往「地月空間」，此外，由於距離如此遙遠，佈署在地表的雷達與望遠鏡無法監控低地軌與地月空間之間的一切交通。以目前來說，監控對象大體上只是低地軌的活動。地表上的雷達與望遠鏡也不能直接觀察「L2」的月球背面地區。中國已經有衛星長期監控月球背面，並考慮在月球背面建造一座基地。

將軍用衛星射入幾十萬里高空的軌道，能讓捷足先登者搶佔一種優勢。它們或許只是監視衛星，但能讓競爭對手提心吊膽，擔心它們裝有武器，可以「居高臨下」，攻擊自己的衛星、甚至太空船。如果連來回的路線都被對方掌控，即使在月球上建了基地也毫無意義，因為你根本到不了那裡。

太空軍的抱負頗為遠大。它說它要打造「地月公路巡邏系統」（Cislunar Highway Patrol System，簡稱CHPS）。「CHPS」或許讓人想起上世紀七十年代那部非常熱門、但老掉牙的同名交通警察電視影集，太空軍的運氣還不錯，因為今天大多數的人不會記得這部影集。地月公路巡邏系統會有一艘太空船，巡邏位於「人群上方遙遠高處」的太空公路，為「月球以及更遠的地區」提供「關鍵性國防」。這些「天上的警察」可能有許多職責。攜帶大量稀有金屬嗎？夫人，我們可以護送你。危險駕駛？靠邊停一下，先生。失控的衛星高速飛竄？你得閃緊急燈號才行。

就理論而言，這一切都不應該擴展到月球上，因為「外太空條約」說，「軍事基地、設施與防禦工事的建立，任何類型武器的測試與軍事演習的進行，都不得在天體為之。」但外太空條約准許「運用軍事人員進行科研，或進行任何其他和平用途」，允許使用「任何和平探討月球所需的必要裝備或設施」。根據這些規定，你可以輕鬆提出辯解說，有鑒於目前情勢〔鍵入這場發生在ＸＸＸ年的危機〕你派駐航太總署、正在月球上進行科學實驗的軍官，需要自衛手段。

要說太空三巨頭還沒有針對在月球建立軍事基地的問題進行可行性研究，令人難以置信。再怎麼說，早在冷戰期間，蘇聯人與美國人就已經考慮過這個問題。美國方面一份解密的「機密」文件談到在月球建一座地下軍事基地，佈署「地球轟炸系統」（Earth Bombardment System）。太空三巨頭目前的戰略中似乎未見類似方案，但如果有任何一個國家開始在月球上搶佔戰略要地，控制水、氦、鈦與其他資源，要其他國家躲遠一點，一場軍事對峙很可能成為現實。我們迫切需要定義明確的協議與信心構築措施。沒有這類協議與措施，「月球為全人類共享」的理念將淪為月表塵土，踐踏在新一代太空人、宇航員、航天員腳下。

航太總署以及緊跟在後的太空軍，現在準備重返月球。美國的軍用與民用太空活動之間有一些交集，不過雙方都盡可能保持相互區隔。但就太空人而言，由於合格候選人有限，傳統上大多數的太空人來自軍方，而且是男性。不過，航太總署二〇二〇年為「阿蒂米絲」重返月球任務而組建的太空人隊伍，反映出航太總署有意將候選人背景多元化。這支隊伍有十八人，其中只有十人為現役軍人，有九名女性，有四名有色人種。航太總署這麼做的用意是，要讓第一名在月球工作的女性與非白人是美國人。

從上一次登月到現在，事情已經出現許多變化，膚色與性別只是其一。另一改變是電腦運算能力。當阿姆斯壯跨出登月第一步，當沙南留下最後足跡離開月球時，阿波羅計畫使用的電腦，比今天你的智慧手機上的電腦運算能力差好幾百萬倍。但或許最大的差異在於，這一次我們要在月球上住下來。

在大多數的情況下，航太總署會用最強大的「太空發射系統」（Space Launch System，SLS）火箭，將置於火箭頂端的「獵戶座」（Orion）載人太空船送上月球。「太空發射系統」目前正與SpaceX的「星艦」（Starship）競爭，儘管航太總署不願放棄ＳＬＳ這個龐然大物，但「星艦」的設計以重複使用為目的，也因此成本比較低廉。根據計畫，要在月球附近建一個「月球門戶太空站」（Lunar Gateway Space Station），做為獵戶座的停靠站。這個門戶太空站是航太總署、歐洲太空總署以及日本與加拿大太空署的聯合項目。門戶太空站的模塊將由SpaceX「獵鷹」重型火箭分幾次運入軌道。太空人可以從門戶太空站搭乘「人類登陸系統」（Human Landing System）前往月球表面。回程只需將程序反轉即可。

門戶太空站是這項計畫關鍵所在。太空站將建在一個呈現高度橢圓形的環月軌道上。也就是說，它在有些時候距離月表象對較近，適合展開登月任務，而當它運行在軌道的某些點上時，它距離地球較近，更適合接收來自地球的太空人與運補。如果這套方法管用，日後在送人上火星的任務中可以重複使用。計畫構想是減少對地球的依賴。

門戶太空站將有一個「居住與後勤哨所」（Habitation and Logistics Outpost，HALO）模塊，供往返月球的太空人在裡面生活、進行科學實驗九十天。ＨＡＬＯ還可以做為地球與月球之間的通信轉輸系統，還可以控制月球漫遊車。

在ＨＡＬＯ進行的最重要的實驗中，有一項是輻射線強度測量。太空人一旦脫離地球磁場，會曝露在高能帶電粒子衝擊下，這種粒子會導致罹癌風險增高，並造成中樞神經系統損傷。國際太空站運作於低地軌，在站上工作的太空人面對的輻射風險較低。但門戶太空站上太空人面對的輻射風險會高得多。門戶太空站的構築既要保護裡面的人，也要取得有關輻射強度的長期精確的數據，並了解它們對人體的潛在影響。

到二〇三〇年，門戶太空站應該已經建成，試營運階段結束，第一批太空人也送上月球。阿蒂米絲計畫時間表曾經數度延誤，但二〇二二年年底「阿蒂米絲一號」無人任務成功發射，意味ＳＬＳ重型火箭已經通過它的第一關測試。ＳＬＳ攜帶的「獵戶座」太空船飛到超越月球外六萬四千公里處，打破載人太空船距離的紀錄。同一年，航太總署的「頂石」（Capstone）太空船抵達一個橢圓形環月軌道，協助判定建立門戶太空站的位置。

登月區的位置尚未選定，但預期將在月球南極附近。這是人類的一次首開紀錄，因為阿波羅太空人一直沒有在月球兩極的任何一極附近登陸。科學家仍在搜尋最適合建立阿蒂米絲基地營的位置。這座基地營在一開始需要讓太空人在裡面生活幾天，但最後必須擁有生活區、輻射保護盾、通信系統、電力基礎設施、車輛與一處停機著陸坪。

有鑒於太空人得在月表消耗許多時間，得經歷日光照射區與陰暗區之間巨大溫差，航太總署已經在與民營公司一起工作，設計新一代太空服、漫遊車與攝影機。美國的第一代太空服是高空飛行裝升級版，之後每一代太空服都根據之前一代研發，最新一代太空服已經針對現有、在國際太空站外太空漫步使用的太空服做了大幅改善。航太總署為它們取了個拗口的名稱，叫做「艙外探索機動單位」（Exploration Extravehicular Mobility Unit，簡稱ｘＥＭＵ），不知道為什麼不叫「阿蒂米絲太空服」？不是簡單多了嗎？

乍看來，ｘＥＭＵ與我們所看到的奧德林與阿姆斯壯穿的阿波羅太空服沒什麼不同，但ｘＥＭＵ

的便捷性不可同日而語。它們大幅改善了腿部、腰部與手臂的運動性，讓穿上它們的太空人可以真正走在月球上，而不是只能像兔子一樣跳動，還能讓太空人將手臂抬高到頭盔上方舉物。過去的太空服吸收排放的二氧化碳，一直累積到飽和點；xEMU可以吸收它們排放進太空。電子微型化科技的引用，使太空人能將關鍵安全裝置的副本裝進背包，一旦發生故障能發出聲音或閃光示警。裝在頭盔裡的通信系統已經全面換新，有高解析度攝影機，以及與高速數據連線的語音啟動擴音器……太空人可以一邊工作，一邊欣賞航太總署精選的「賽門與葛芬柯」（Simon and Garfunkel，譯按：美國著名民謠搖滾二重唱）演唱的〈歸途〉（Homeward Bound）。

這種最新的太空服可以抵抗輻射，以及從攝氏零下一百五十度到一百二十度的溫差變化，一旦發生緊急狀況，還能提供六天全方位保命支持。航太總署稱這種太空服為「量身訂做的太空船」，但儘管擁有這許多二十一世紀科技法寶，我們這些強悍的太空探險家仍得穿尿布才行。

新型太空漫遊車的設計也以不漏氣為主。這種稱為「太空探索車」（Space Exploration Vehicles，SEVs）的車輛，與二十世紀使用的「月球車」（Moon Buggy）已經大不相同。太空探索車設有壓力艙，可以讓兩名太空人不必穿太空服，坐在艙內，以十公里時速在月表長途行駛，還能穿上太空服，離開座艙，在月表漫步。

這些都得花錢。不過與冷戰期間開支相比，這算是便宜的。在一九六〇年代，航太總署的年度開支高達聯邦預算的百分之四；今天的開支只有約百分之零點五。差別之處在於當年美國認為它必須搶先蘇聯登陸月球，付出的代價值得。航太總署從民營公司購買服務，而民營業者能以創新之道削減火箭發射成本，是開支降低的另一原因。

阿蒂米絲計畫的每個階段，從升空火箭到漫遊車都涉及與民營公司的合作。有些公司對於能在太空探索中扮演一個輔助角色而感到滿足，但有些公司更具雄圖，要在太空開啟自己的版圖，建立營利事業。

SpaceX已經贏得航太總署合約，負責打造登月模塊，將太空人從門戶太空站送上月球。SpaceX已經將美國太空人送上國際太空站。在二〇一〇年，SpaceX成為第一家發射、操作與收回一艘太空船的民營公司。兩年後，它成為第一家發射太空船、送上國際太空站的民營公司。在二〇二〇年，SpaceX發射星鏈，如本書第四章所述，星鏈提供寬頻信號，成為最大的衛星星座。翌年，它成為第一家將非專業太空人送入太空的公司。SpaceX的火箭在升空約十分鐘後，它的第一節火箭脫落，一般都能落在地面，回收再用。SpaceX大幅降低了發射火箭的成本，並且證明新創業者也能與「波音」這類重量級業者競爭。

馬斯克有一些計畫，一些宏大的計畫。本書前文已述，這些計畫包括送太空人上火星——而且為時不遠。為什麼要上火星？據馬斯克說，「太多的事讓人對未來感到悲哀或沮喪，但我認為，開創一個太空探險文明能讓人對未來感到興奮。」

許多人對馬斯克這種說法不以為然。著名天體物理學加馬丁・黎斯（Martin Rees）不反對登陸火星，但認為登陸火星不是優先要項。他告訴《衛報》（*Guardian*），馬斯克的構想「狂妄到危險的地步……與殖民火星相比，應付地球氣候變化根本是小菜一碟」。前「亞馬遜」（Amazon）執行長、「藍色起源」創辦人傑夫．貝佐斯（Jeff Bezos）也有異議，他另有計畫。貝佐斯計劃打造太空城市，但位置要更加接近地球。他說，行星不是我們往太空移民的首選；他主張建立環繞地軌運行的龐大「圓頂」（domed）城市。是「圓頂」城市，不是「末日」（doomed）城市。

就短期而言，藍色起源已經設計一款登陸車，希望一旦月球基地建成，航太總署能夠採用。藍色起源已經展開用「新謝巴德」（New Shepard）火箭載運觀光客遊太空的業務。新謝巴德火箭根據美國第一名太空人亞蘭．謝巴德（Alan Shepard）命名，是藍色起源研發的、可以重複使用的火箭。貝佐斯本人也搭了這枚火箭往太空一遊。同樣搭新謝巴德火箭遊太空的太空觀光客還包括當時高齡九十的威廉．夏納（William Shatner）。夏納曾在《星艦迷航》中飾演艦長詹姆斯．柯克（Captain James T. Kirk），成為進入太空的最年長者。他在返回地球時感動落淚，稱這趟旅行是他「最深刻難忘的經驗」。

藍色起源的巨型「新格蘭」（New Glenn，以第一個進入地軌的美國太空人約翰．格蘭（John Glenn）之名命名）火箭，能為付費的客戶載運四十五噸貨進入低地軌，貝佐斯的計畫顯然不只如此而已。他曾暗示要建一枚「新阿姆斯壯」火箭。沒錯，以尼爾．阿姆斯壯命名的火箭。

理查．布蘭森（Richard Branson）的「維珍銀河」，比「藍色起源」早了幾天進入太空，布蘭森也因此成為人類史上第一名進入太空的非專業太空人。但貝佐斯不接受這個說法。布蘭森的火箭從飛機上發射，載著他上了距地表約八十三公里高處——略高於航太總署為地球疆界下的定義。但「新謝巴德」飛到距地表一百公里處，比「卡門線」還高的地方。這是國際航空聯盟接受的所謂「太空」的高度。也因此維珍銀河與藍色起源這兩家公司的說法都沒錯，端視太空高度定義而定。

維珍銀河的業務重心為次軌道觀光。一趟行程要四十五萬美元的消費，顧客基礎自然很小，但絕對超級富有。如果布蘭森的估算不錯，世上億萬富豪果然多得能讓維珍銀河獲利，維珍銀河可以降價轉攻廣眾市場。布蘭森的這個算盤似乎打得過於樂觀，但話說回來，從萊特（Wright）兄弟在一九〇三年第一次駕機升空，到一九一四年（出現在佛羅里達的）第一班航空公司客運航班服務，只隔了十一年。而且在這之後不過四十年，搭飛機的美國旅客人數開始超越搭火車的人數。

維珍銀河與藍色起源現在是太空觀光業的兩大競爭對手。「賽拉太空」（Sierra Space）與它的「追夢者」（Dream Chaser）太空飛機是發射場上新起之秀。「追夢者」在一開始將供做航太總署的運補船，但最後會成為幫你實現度假夢的工具——至於是美夢或是惡夢，就得看你怎麼想了。

這些公司的事蹟告訴我們，我們現在已經穩穩踏入「商業太空時代」（Commercial Space Age）。用民營公司打造、擁有的載具進出太空是一大轉機。民營企業不再只是利用衛星相關活動牟利，而是放眼太空觀光、長程運輸服務、月球與小行星開礦、以及在零重力環境下的3D列印製造業。

在二〇一〇年，「太空製造公司」（Made In Space, Inc, MIS）是一家設在加州、只有兩間辦公室的新創公司。四年後，太空製造公司的MIS Zero-G列印機飛上國際太空站，太空人巴里·「布奇」·威爾默（Barry 'Butch' Wilmore）打開包裝，用它印出第一件在太空列印的東西。沒錯，這東西不過是這部列印機本身的面板而已，但也是一項人類史上創舉。一陣子過後，國際太空站指揮官威爾默發現他需要一把特製棘輪扳手。地球上的太空製造公司人員打了幾行代碼，傳到國際太空站，威爾默就用它們印出他需要的扳手。太空製造公司現在與航太總署簽了一紙七千四百萬美元的合約，在太空印製大型金屬樑。這麼做的成本，比從地球將金屬樑運上太空的成本低廉太多。

美國有五千多家與太空有關的公司，太空製造公司是其中一家。這些業者往往比國營事業實體更具創意，也更有冒險求勝的精神。民營企業已經大幅削減了太空旅行成本，讓航太總署能將目光放得更遠。

航太總署一直與商業公司合作往來，但太空新創的充斥，以及這些民企的雄圖已經把這類合作推升到另一層面。航太總署與幾家民企簽了合約，付錢僱他們蒐集月球表土（regolith，即「表岩屑」）。這些簽約金微不足道——有一家公司只要求一美元——但交易對雙方都有利。民企方面得到在月球開採資源的實作機會，而航太總署也可以從而創造在月球商業運作的商業與法律規範。

二〇二二年底，日本公司ispace用SpaceX的火箭將它的登月器送上月球南極，研究當地的冰層。航太總署已與ispace簽約，同意ispace「擁有」它找到的任何資源，這件事再次引起誰擁有月球的問題。日本、阿拉伯聯合大公國與盧森堡已經通過法律，准許它們的公司參與這類交易，美國也於二〇一五年在歐巴馬主政期間通過類似法律。目前為止，民營公司還沒有建立自主月球基地的計畫，但預期美國、中國與俄國公司會利用他們本國建立「主權」基地之便，在月球搶佔優勢。

航太總署正在進行一堆較小規模的計畫，例如機器人太空深度探索使用的陽光帆推進器與雷射通信系統等等，不過這些計畫都聚焦於阿蒂米絲、門戶太空站與一座月球基地。

或許在美國「為什麼」應該重返月球的爭論平息以前，這座基地已經建妥。但就目前狀況而言，有鑒於地緣政治——現在是天體政治——現實，美國與中國將走上大國競爭的下一階段。其中任何一國不這麼做，另一國就能暢行無阻，「擁有」月球。月球的水資源與稀土可不是再生資源，捷足者先得，後來者向隅。

美國人上次登月，如今已是陳年往事。經過日光多年照射，插在月球表面的六面美國國旗早已因日曬而泛白。在二〇一二年，航太總署的「月球偵測環軌飛行器」（Lunar Reconnaissance Orbiter）發現其中五面旗仍然屹立。阿波羅十一號插的那面旗，在阿姆斯壯與奧德林起飛的時候撞倒了。這些旗幟用尼龍製成，預料會在幾十年內解體。我們應該收回阿波羅十一號插的那面旗，陳列在博物館裡，應該在月表找到阿姆斯壯留下的足印，保存在「星光大道」（Walk of Fame）上。現在我們有理由重返月球了。

講了半天，竟忘記談俄國了。

第七章　退化中的俄國

「地球是人類的搖籃，但人不能永遠躺在搖籃裡。」

——「太空人之父」康士坦丁・齊奧柯夫斯基

俄國已昭告世人，它能夠也願意向百姓人口稠密的地區發射火箭，但俄國人這種全球知名的火箭發射能力，可能前途不保。這兩件事已勾連起來了。

二〇二二年二月，就在俄國大軍入侵烏克蘭當天，美國政府宣布對莫斯科大舉制裁。制裁項目中包括對半導體、雷射、感應器與導航裝備實施禁運，「打擊他們的航太工業，包括他們的太空計畫。」

當時擔任俄國太空署「俄羅斯航天集團」（Roscosmos）負責人的狄米屈・羅高金對此不以為意。羅高金在一篇推文中對他的八十萬追隨者說，「如果你切斷與我們的合作，一旦國際太空站失控、脫軌，墜向美國或歐洲土地，誰來救援？」自一九九八年起，俄國與美國就在國際太空站合作，根據這項合作，俄國人控制推進系統，以防止太空站墜落地球，而美國人負責提供生命支持系統。

二〇一五年三月十二日，俄國聯合號 TMA-14M 太空艙在哈薩克的傑茲卡茲甘（Zhezkazgan）附近著陸。（圖片來源：Wikimedia Commons）

這是典型羅高金式厥詞。以民族主義戰狼自居的羅高金曾說，多年來一直使用俄製火箭上太空站的美國太空人，以後不該再使用俄製火箭，該改採跳彈簧床的方式上太空站。在美方宣布制裁後，羅高金改了說法。這次他說，「讓他們搭其他東西飛上來：用他們的掃帚。」

三週後，美國的SpaceX開反擊。如前文所述，馬斯克的這家公司已經開始為烏克蘭提供星鏈衛星網際網路服務。三月七日，SpaceX一枚滿載衛星的「獵鷹九號」開始讀秒準備升空，觀看現場直播的人都聽到發射指揮官對她的團隊說，「讓美國掃帚起飛，打響自由之聲的時間到了。」

羅高金隨即辱罵美國太空人史考特．凱利（Scott Kelly）是個白癡，還暗示俄國人可能撤出國際太空站，留下一名航太總署太空人孤單單守在站上，還發表一段影片，顯示幾名技術人員在一枚「聯盟」火箭上用膠帶封蓋美國國旗。凱利隨即反嗆：「若是沒了這些旗以及它們帶進來的外資，你們的太空計畫一文不值。或許，如果麥當勞仍在俄國，你可以上麥當勞打工。」但麥當勞已經撤出俄國。

從一個層面來看，這一切不過都是在打嘴砲，不過從另一層面，我們眼見美、俄之間持續幾十年的太空夥伴關係正在墜毀，原本有助於科學、和解，能造福人類的關係就此劃下句點。太空上的地緣政治斷層線正在重劃。二〇二二年國際情勢顯示，俄國人可能退出太空探索，全力經營太空軍事應用。太空活動也應這些情勢變化，加速分裂為兩個陣營：一個由中國領導，另一個由美國領導。

這種趨勢影響很廣。緊接著俄軍入侵烏克蘭與西方隨即展開的制裁之後，莫斯科說，它不再賣火箭引擎給美國，但由於美國在大多數太空相關的事物上與俄國切割，因此莫斯科此舉對美國造成的打擊有限。莫斯科說，它將中止與德國在國際太空站上的聯合科學實驗。德國人也隨即宣布，停止與俄國的一切科學合作，俄—德聯合項目中的一具用來探索黑洞的德製太空望遠鏡也因此關閉。

於是，俄羅斯航天集團停止在法屬蓋亞那（French Guiana）歐洲太空港「庫魯太空中心」（Kourou Spaceport）發射「聯盟」火箭的計畫，並撤出它的工作人員。庫魯太空中心是「詹姆斯・韋伯太空望遠鏡」（James Webb Space Telescope）等多項著名太空任務的發射基地。俄國的撤出，延宕了歐洲太空總署按照預定已經應該升空、前往火星的「火星探勘」（ExoMars）火箭。歐洲太空總署於七月十二日正式結束與俄羅斯航天的關係，開始尋找前往火星的新途徑。在幾天以前，俄羅斯航天集團發表幾張照片，顯示國際太空站上的太空人舉著俄軍佔領的兩個烏克蘭地區的旗幟，或許這是壓垮歐洲太空總署與俄羅斯航天關係的最後一根稻草。

俄羅斯航天並且宣布，除非總部設於倫敦的「一網」（OneWeb）保證不將衛星投入軍事用途，否則它不會為「一網」發射三十六顆衛星。按照原定計畫，「一網」的這些衛星要在俄國控制的哈薩克「拜科努爾太空發射中心」升空。俄羅斯航天還要求英國政府從「一網」撤資——英國當局曾在二〇二〇年資助「一網」，讓「一網」免於破產。「一網」拒絕俄羅斯航天提出的這些要脅，並且叫停所有利用拜科努爾太空發射中心升空的計畫。SpaceX儘管與「一網」競爭，但隨即協助「一網」，替「一網」，發射它的衛星。

這場針鋒相對的鬧劇製造了許多輸家，狄米屈・羅高金是其中之一。在歐洲太空總署切斷與俄羅斯航天的關係幾天以後，羅高金也遭俄羅斯航天炒了魷魚。不過最大輸家是俄國及其敗象畢呈的太空計畫。

在火箭引擎銷售、衛星發射服務、以及載運太空人前往國際太空站的競爭中，俄國的市場佔有率已經逐年縮水。在美國的太空梭機隊於二〇一一年退役後，航太總署得搭「聯盟」太空船便車上太空站（因此招來羅高金有關「掃帚」的挖苦）。但自二〇二〇年起，航太總署想將人員送上太空站，有了使用「天龍號太空船」（SpaceX Dragons）的選項。

由於國際太空站上獨特的情勢，美、俄兩國即使交惡，仍得在太空站上維持一種工作關係；但現在俄國顯然已經無意協助航太總署將國際太空站的壽命延至二〇三〇年。有鑒於莫斯科與華府之間如此惡劣的關係，航太總署幾乎不可能邀請俄羅斯航天加入美國領導的月球門戶太空站計畫，美國民營企業也不可能與俄羅斯航天合作，打造目前處於概念研發階段的各式商業太空站。

就在太空合作、集資與專業領域的發展腳步超越過去幾十年來幅度、突飛猛進之際，俄國被踢出開發洪流。它在太空領域的輝煌歲月已經成為昨日黃花；它的前途可能淪為中－俄夥伴關係的小弟。當火星成為科學與人類探索蒼穹中如此光芒萬丈的主題之際，俄國只能蜷縮在黯淡的一角，顯得如此微不足道。

從「史普尼克」到太空第一人，蘇聯曾經締造多項輝煌的世界第一，甚至在送人登月的競賽失利之後，蘇聯的太空實力仍然不容小覷。蘇聯太空船曾經遠赴金星與火星，曾經進入低地軌道造了一連幾個太空站，包括在一九七一年造的人類第一個太空站「禮炮一號」（Salyut 1）。蘇聯曾經全力投入太空科技，讓人常駐太空。不過他們的成功未能持久。

一九九一年年底蘇聯解體，翌年年初，蘇聯太空計畫由「俄羅斯聯邦太空總署」（Russian Federal Space Agency）取代，這個總署最後發展成俄羅斯航天集團。隨著經濟每下愈況，儘管在國際太空站仍保有領導地位，俄國政府在整個九十年代不斷削減太空預算。

而且，即使在國際太空站上，俄國交出的成績也並非始終亮麗。不久前一連串涉及國際太空站的事故，已經激怒了俄國的夥伴。

二〇一八年，俄國國營「塔斯」（TASS）新聞社刊登一篇有關美國太空人莎蘭娜．奧農—錢斯勒（Serena Auñón-Chancellor）的特稿。文中沒有任何舉證，就直指奧農—錢斯勒在國際太空站上工作時出現「嚴重心理危機」，在一艘停靠太空站的聯盟太空船上鑽了一個洞。原因何在？根據塔斯社這篇充滿誹謗色彩的報導，奧農—錢斯勒鑽洞的用意是讓整個太空站逐漸降壓，讓她可以立即飛返美國。

太空船上確實出了一個洞，而且已經補好。這個洞究竟在哪裡，是什麼時候出現的，沒有相關報導，也就是說，它有可能早在發射升空以前已經有了。這項一名美國太空人在太空故意鑽洞的指控，不僅荒唐到匪夷所思，還讓人嗅出一股濃濃的陰謀氣息。俄國人甚至還派出兩名太空人出艙，進行「蒐證」。這兩名太空版的克魯梭（Clouseau，譯按：杜撰法國名探，即「粉紅豹」）與波洛探長拿著刀，來到聯盟太空船外，割下一些絕緣體，進行「犯罪現場」調查。俄國沒有發表對這次事件的官方報告。

二〇二一年發生一件更危險的事。好消息是，俄國重二十噸的「諾卡」（Nauka）實驗室模塊成功停靠國際太空站。「諾卡」即俄文「科學」之意，它的到來為俄羅斯航天帶來許多新實驗能力，還讓太空站多了一個洗手間。但壞消息是，在完成停靠後三小時，「諾卡」的推進器意外點火，把整個太空站推倒側翻。美國與俄國任務管控人員隨即聯手，啟動位於太空站另一側的推進器，設法重新控制太空站。這場緊急事故持續了一個小時，直到「諾卡」耗盡燃料才終於結束。俄羅斯航天原本對這次事件隻字不提，最後將罪責推給「諾卡」推進器燃料槽裡烏克蘭製的機械。

但與二〇二〇年俄國擊毀一顆報廢衛星，造成太空垃圾湧向國際太空站的事件相比，這兩次事件不算什麼。二〇二〇年這次事件引發國際太空社群譁然，群起譴責俄國。所有這些事件都出現在俄國、美國與歐洲國家合作關係惡化的背景下。其實早在二〇一四年俄國併吞烏克蘭領土克里米亞（Crimea）之前，這種合作關係已經在走下坡，但強佔克里米亞加速了關係惡化走勢。

俄國總統普丁（Putin）並不隱瞞他要扭轉蘇聯瓦解造成的效應，還說「蘇聯」是「俄國」的另一個名稱。眼見所有前「華沙公約」（Warsaw Pact）的會員國搶著加入北約，令普丁惴惴不安。在普丁看來，北約的勢力正朝俄國邊界延伸。

時序進入二十一世紀，普丁打算主要透過軍事手段，將俄國重建為一個世界級強國。在蘇聯軍隊解體以後，莫斯科於一九九二年建立「俄羅斯太空軍」（Russian Space Forces）。幾經反覆，這個組織現在是「俄羅斯航太部隊」（Russian Aerospace Forces）的一個附屬部門。莫斯科將「俄羅斯太空軍」與「俄羅斯航太部隊」併在一起，目的在於建立一個有效的單一指揮部，總領一切軍事面太空事務權責。就這一點來說，俄國比美國領先了四年。根據俄羅斯太空軍的網站，俄羅斯太空軍負責偵監太空，防範外來威脅與攻擊，並建造、發射太空船，以及控制軍用與民用衛星系統。

二〇〇三年，當美軍運用衛星精準鎖定軍隊、裝備與建築物目標，對伊拉克的五十萬大軍進行外科手術式打擊時，俄羅斯航太部隊高官們也緊盯美軍的一舉一動。等到美軍地面部隊湧入戰場時，伊拉克軍已經潰敗，無力抵抗。

分析家指出，在二戰期間，要炸毀一座鐵路橋，得出動四千五百架次飛機、投擲九千枚炸彈，才能成功。到了越戰，這個數字減少到一百九十枚炸彈；在科索沃（Kosovo）戰爭期間，只需一到三枚巡弋飛彈，就能炸毀一座鐵路橋。到美軍侵入伊拉克時，只需一枚衛星導引的飛彈，就能完成這項任務。莫斯科發現它在太空軍事資產方面落後美國，決心迎頭趕上。

目前俄國佈署了相當於美國ＧＰＳ的「格洛納斯」（GLONASS），及俄版全球定位系統。由二十四顆衛星組成的格洛納斯於一九九五年全部佈署完成，比美國的ＧＰＳ晚了一年。要維持系統覆蓋全球、全面運作，就得經常發射新衛星，汰換發生故障或已達服役限期的衛星。但二十世紀九十年代的俄國由於經濟上一團混亂，太空計畫經費被狂刪八成。到二〇〇一年，格洛納斯還能運作的衛星只剩下六顆，就連俄國本土也無法全面覆蓋。由於格洛納斯能為俄國核子飛彈找到目標提供擔保，這種經費不足造成的扯肘，對莫斯科的戰略利益是一大打擊。

在二〇〇〇年普丁掌權以後，俄國經濟開始改善，普丁將重建格洛納斯列為最高優先，將它的預算增加了一倍有餘。到二〇一一年，格洛納斯再次建立二十四顆衛星運作系統，幾十年來第一次擁有覆蓋全球的作業能力。由於國際制裁，俄國很難說服手機與汽車製造廠商在它們的產品上使用格洛納斯系統，但格洛納斯的軍事能力仍然完好無缺，系統精確度也無庸置疑。

聚焦格洛納斯的作法，說明俄國軍方也很清楚，它需要只有衛星系統才能提供的態勢感知與通信可靠性。俄國已經運用格洛納斯支援它在敘利亞與烏克蘭的軍事行動。這種衛星支援的高精準武器打擊作法，導致烏克蘭駭客針對格洛納斯發動攻擊，不過攻擊成果有限。克里姆林宮既然對這種系統的依賴不斷增加，願意投資保護這種系統自也理所當然。

克宮也在投資，加強它攻擊敵人衛星系統的能力。攻擊敵人衛星系統的途徑之一，就是用你的衛星接近他人的衛星。採取這種行動的合法理由很多，比如說，為了檢視太空垃圾造成的損害。不過有時除了接近以外，你還得抓住目標衛星，用液體讓它無法識物，甚或對它開火。美國就曾經多次正式指責俄國，說俄國衛星「跟蹤騷擾」美國衛星。二〇二〇年，俄國「宇宙2542號」（Cosmos 2542）衛星從內部射出另一衛星2543號，引起美國太空指揮部關切。2543號在離開2542號以後，沒有與其他俄國衛星一起運作，而是飛近一顆美國軍用偵察衛星。更讓美國人警懼的是，它之後還對外太空射出一枚高速投射物。

這次事件顯示，俄國正在營造多種選項以加強它的太空戰力。其中有些可以用來嚇阻戰爭，另一些則屬於「雙重用途」設計，讓俄方得以合理否認其軍事目的，卻同時具備潛在的攻擊能力。

除了用衛星做武器以外，俄國等國也在建立可以射入太空的陸基武器。一連串證據顯示，俄國發現自己已無力與美國進行太空軍備競賽，於是設法讓美國知道，它有能力搗毀、或者讓美國的核心軍備失靈，二〇二一年的反衛星試射就是這樣的例子。俄國在這次試射中擊毀的，是它最大的一顆衛星。俄國原本可以選擇其他許多體型較小、造成的太空垃圾也少得多的衛星進行試射，但選了一顆最大的，此舉意在釋出一個訊息。就克里姆林宮的觀點而言，這是一種合理的保險。

在俄國另一項相關試射中，一架以超音速飛行的改良型米格戰鬥機（MiG-31）從機腹射出一枚火箭進入太空。根據推斷，這枚火箭之後會釋出一顆可能具有發射武器能力的小型衛星。

「普雷維」（Peresvet）雷射反衛星系統是一款已經服役的武器。俄國的五個機動洲際彈道飛彈師部署了這種裝載在卡車上的武器，目的在鎖定通過俄國上空的外國衛星，防止它們追蹤飛彈師動向。這種雷射武器能讓敵人「炫瞎」（dazzle）或「打瞎」（blind）還不清楚。所謂「炫瞎」就是用強光照射敵人衛星，讓對方暫時無法視物，所謂「打瞎」是永久性損毀敵衛星的顯像系統。這五個飛彈師是否成功使用過這種武器不詳。

大多數的分析家相信普雷維只能「炫瞎」，但權威線上雜誌《太空評論》（*Space Review*）認為，俄國的反衛星武力已經因推出一種叫做「卡琳娜」（Kalina）的新系統而升級。二〇二二年的一項深度調查，在檢閱「Google地球」影像與開放源碼專利文件之後發現，俄國的卡琳娜太空監視裝置正在打造一種有能力摧毀衛星的尖端科技雷射系統。

卡琳娜太空監視裝置設在一座兩公里高的山峰頂上，地點就在喬治亞邊界附近、小城齊蘭楚卡雅（Zelenchukskaya）西方。新拓地基已經動土，一座用來安置望遠鏡的圓頂也出現了。根據《太空評論》的報導，投標圓頂施工的技術文件指出，這座圓頂建築物必須能「在攝氏四十度與零下四十度的溫差差距下運作，必須能抵擋七級強震」。圓頂由兩部分組成，可以在不到十分鐘內開啟，讓望遠鏡掃描整個天空。

這座圓頂建築經過一條隧道，與另一座建築相連。這第二座建築裡面裝了一部「雷射光探測與測距雷達」（Lidar）。雷射光雷達朝衛星發射脈衝狀光束，然後計算光束折返的時間。用這種方法就能算出衛星的位置，以及衛星運行的方向與速度。使用的裝備愈精密，算出的數據愈準確。

如果卡琳娜已經運作，此刻的它應該在進行雷射光束聚焦與攻擊演練。雷射光束必須能穿透地球大氣層，因此需要十分強大。它釋出的光束越強，造成的損害也越大。大多數的觀測衛星在距離地表僅僅幾百公里的低地軌運作。根據推斷，卡琳娜每次都可鎖定並追蹤一顆衛星幾分鐘，然後在這幾分鐘內「炫瞎」或「打瞎」目標衛星。《太空評論》估計，這個系統可以在任何時刻為大約十萬平方公里——比葡萄牙還大——的俄國土地建一道讓敵人無法窺探的保護盾。

卡琳娜應該還能選定衛星上的一個點，聚集全部雷射光能量進行投射。這麼做可以燒毀衛星上的攝影機或引擎，使衛星淪為廢物。這種雷射光束的能量強度，比CD播放或手術用雷射強幾千、幾萬倍。卡琳娜還得保證，從一部望遠鏡射出、直徑好幾公尺的多道光束，能相互之間保持平行，不致散失。如果真能如此運作，甚至在靜止軌道運作的衛星也將難以逃脫卡琳娜的攻擊。

即使佈署好了，俄國仍然可以否認使用它們。雷射光束看不見，發射雷射光沒有聲響，發射之後也沒有縷縷輕煙。面對記者詢問，莫斯科大可以說，「啥呀？雷射光？戰爭行動？這與我們無關。你們問問北韓了嗎？」

現在再想一想，假設這種武器從太空發射。不是射入太空，而是從太空發射。在光束不虞遭到大氣層反射或干擾的情況下，武器可以精小得多，鎖定的目標可以大得多——例如太空站。

人稱普丁的「超級武器」（superoruzhie）的卡琳娜，是一種新世代武器系統。屬於這種武器系統的武器，還包括能在穿越地球大氣時改變方向與高度的極音速導彈。面對這種導彈攻擊的國家，很難估算導彈攻擊目標，據而採取因應措施。

自二〇一八年以來，為了削弱美國的太空優勢，威脅美國的基礎設施，俄國的太空軍事作為一直與中國緊密相連。中、俄兩國的這種合作關係始於二十世紀九十年代初期。一九八九年天安門大屠殺事件過後，美國對中國實施各種科技制裁，而俄國從蘇聯廢墟中逐漸崛起，於是北京與莫斯科逐漸開始在太空政策上合作。

兩國更在二〇一八年簽訂正式協議，進行火箭引擎、太空飛機、衛星導航與太空垃圾監控（但如本書前文所述，所謂太空垃圾監控未必那樣無害，因為你若有一套監控太空垃圾的系統，你可以用它進行間諜偵測）等多個項目的合作。

美國與歐洲國家多年來所以一直主張簽訂新條約，以防阻太空武器競賽，除了因為太空相關的武器科技精進以外，為的就在於對付中、俄這類太空合作。新太空條約草案於二〇〇八與二〇一四年提出，目前仍在討論，而且有明顯缺失。

「和平宗旨」與「武器管制」等相關字眼在這些條約草案中隨處可見，但就像目前為止已經出現的所有其他建議與協議一樣，草案沒有為所謂「外太空武器」下定義，也沒有針對一個國家的衛星可以距離他國衛星多近的問題詳加說明。對美國人來說，更嚴重的是，草案沒有針對卡琳娜這類陸基反衛星武器的研發、測試或儲存做出規範。這種模糊對莫斯科與北京有利。莫斯科與北京知道他們在傳統作戰能力方面落後美國，知道現代傳統戰依賴衛星。因此他們無意禁止可以從陸地攻擊這些衛星的武器。

如本書前文所述，美國已經建議全球性禁止可能造成太空垃圾的「直接升空」式反衛星武器，並且主張以一項更全面的條約，處理這類新科技帶來的新議題。但特別也因為美國人也在研發自己的陸基反衛星武器，想在這類議題上達成共識很難。

比較可能出現的狀況是，俄國與中國將在二〇三五年以前「在月球表面與／或在月球軌道」建一個國際月球研究站，繼續營造雙邊關係。

根據多項科技移轉協議，兩國一直在嘗試讓俄國的「格洛納斯」與中國的「北斗」衛星導航系統相互共容。這意味，當兩國中任何一個國家與第三國交戰，通信與觀測系統因戰火受損時，它可以使用另一國的服務。

這樣的合作似乎是有賺無賠，但……普丁……我們有問題。

在這樣的雙邊關係中，俄國是小老弟，但無論面對任何狀況，俄國都拒當小老弟。莫斯科有歷史、傳說和各種獎牌可供誇耀。但北京有錢，有基礎設施，而且已經不再只是跟在俄國後面、亦步亦趨。所謂中國太空科技只是俄國太空科技重組的說法早已過時。如今擁有自己的太空站的國家是中國，不是俄國。中國已經在重複使用重載火箭的科技上領先俄國，中國的太空相關民企也比俄國活耀。

俄國需要中國，尤甚於中國需要俄國，也就是說，在談到協助莫斯科的問題時，北京可以採取謹慎態度。基於經濟制裁理由，中國不願為俄國提供科技支援——如果這麼做，中國也會遭到制裁。

儘管中國人的「友好」有些不乾不脆，但與中國的關係對俄國仍然有用。在撤出國際太空站之後，俄國想派太空人常駐太空，只有送太空人上中國的太空站。沒有中國支援，俄國無力打造自己在月球的基地。這項夥伴關係讓俄國可以以一種太空大國的面貌加入競爭，而中國也可以用「夥伴優惠價」購買俄國的石油與天然氣。這項交易背後，隱藏著一項聯合戰略：意圖打造一個集團，對抗以美國為首、組織鬆散的民主國陣營，並且說服其他國家加入中、俄的這個集團。但一旦涉及俄國的太空計畫，中國大體上只會讓俄國吃閉門羹。

曾經是科技前沿大國的俄國，現在已經與尖端科技絕緣。自我隔絕也是造成這種現象的一項因素。根據俄國新通過的法律，任何俄國媒體，即使只談到有關俄國太空產業的基本資訊，也必須針對這篇報導／推文／貼文附加一段免責聲明：「這篇報導（題材）由執行外國代理人功能的外國廣眾媒體頻道，以及／或由一個執行外國代理人功能的俄國法律實體製作或散發。」在俄國，說自己是「外國代理人」從來就不是一件好事，即使是在最好的年頭也不例外，而現在不是俄國最好的年頭。

仍然對太空充滿興趣的俄國民眾，除了一些經政府批准、極盡愚蠢能事的特定消息，將得不到幾乎所有有關太空的資訊。二〇一九年的一項民調發現，百分之三十一的俄國人密切關注有關太空的新聞。約百分之五十九的俄國人希望俄國像過去一樣，在太空領域發光發熱，百分之五十三的俄國人相信俄國能辦到。

而且很顯然，儘管國勢走衰，莫斯科仍然訂了計畫，以保有它的太空領導地位。俄國最重要的新資產，是它極為先進的太空發射設施：「東方航天發射場」（Vostochny Cosmodrome）。在一九九一年，後蘇聯的俄國在本土沒有大規模的太空發射基地，必須付費給哈薩克，以使用拜科努爾（Baikonur）的發射場。俄國決心解決這種令人發窘的情勢，而在克宮看來，東方航天發射場是解決問題的最佳之道。克宮計劃打破蘇聯舊例，將所有的軍用與民用太空項目重要零組件基地設施完全納入本土境內，以建立戰略自主。

東方航天發射場的施工於二〇〇七年在俄屬遠東的「阿穆爾州」（Amur Oblast）展開。阿穆爾州距離莫斯科約八千公里，距離中國邊界兩百公里。最近的城市是「海蘭泡」（Blagoveshchensk，人口二十萬），位於黑龍江（River Amur，俄國稱「阿穆爾河」）北岸。海蘭泡是典型的前蘇聯式單調乏味的小城，對岸就是新得發亮的中國城市「黑河」。海蘭泡居民可以隔著黑龍江，望見彼岸五光十色的霓虹燈照耀下的黑河高樓公寓與辦公樓。五十年前，黑河是個沉睡的小村；現在它有二十五萬居民，成為中國超越俄國的醒目標誌。

「東方航天」就是在這種背景下應運而生。打造這個發射場的目的，就是要在阿穆爾州——俄國境內最欠開發、最孤立的一個區域——造成一種經濟連鎖效應。所以選在阿穆爾州打造航天發射場，有經濟與地理兩個理由。阿穆爾州原本有一座洲際彈道飛彈基地，所以與既有鐵道幹線相通。它地處偏遠，火箭墜落的殘骸擊中大型都市中心的風險較低。至於緯度方面，也足以讓火箭的運載能力接近從拜科努爾發射的水準。此外，東方航天發射場是大規模建案，項目涉及打造一個居民三萬五千人的新城，而阿穆爾州位於「跨西伯利亞公路」（Trans-Siberian Highway）旁邊。這條公路能為相關基礎設施提供支援。

「東方航天」的建造超出既定預算，誤了既定限期，而且像俄國所有的產業一樣，也為嚴重的貪腐所困。普丁對俄國官員挪用公帑、貪汙腐化的現象深惡痛絕，曾提醒高級政界人士說，東方航天「實際上是一項國家計畫。但他們還是不肯放手！一百萬一百萬，不斷地偷！」至少一億七千萬美元項目經費遭高級官員中飽私囊，其中幾十人被捕下獄。

火箭現在已經可以從東方航天發射，但幾個較小型項目可能至少還得花十年才能完成，所以官員上下其手的時間還很多。發射場大門入口立了一塊牌子，上面寫道：「通往星際之路從這裡展開。」當然，沒有人膽敢在後面追加一句：「除非錢花光了。」

俄國有太空爭霸的雄心，但未必具有與美、中太空計畫一較長短的財力、裝備與專業需求。儘管如此，另幾項長程項目也刻正在進行中。

一種可以重複使用的兩節火箭計畫在二〇二六年以前從東方航天升空。這枚取名「阿穆爾」的火箭，外觀與SpaceX的「獵鷹九號」火箭近似得啟人疑竇，不過它的體型較小，只能攜帶十點五噸酬載（編按：酬載是指一個飛行物體除自身重量外所能攜帶的有效運載量）。這比聯盟二號火箭強了許多，但與獵鷹九號的酬載相比，仍然少了不只一半。

一座名為「俄羅斯環軌服務站」（Russian Orbital Service Station, ROSS）的新太空站已經設計完成，但將它射入軌道的目標期限已經從二〇二五延後到二〇二八年，而且有些俄國專家已經在討論是否應該延到二〇三〇年的問題。有鑒於俄國人花了十二年才完成「諾卡」實驗室模塊的設計、建造、發射與停靠國際太空站，即使「環軌服務站」能在二〇三〇年升空已經算得走運。「諾卡」實驗室原本計劃在二〇〇七年啟用，但直到二〇二一年才完成第一次停靠。環軌服務站如果建成，會比國際太空站小，而且一年只能在上面居住四個月，限制了太空研究工作的數量。

俄國還計劃建一艘「太空拖船」，用略多於四年的時間，將一艘無人太空船（經由月球與金星）送上木星。這艘太空拖船擁有雷射武器，以及一座用來啟動電引擎的五百千瓦核子反應爐。這艘取名「宙斯」（Zeus）的太空拖船的首次任務，就是在二〇三〇年發射升空。二〇二一年「莫斯科航太展」（Moscow Air Show）上露面的「宙斯」模型，看起來就像一件擁有飛行潛力的巨型「麥卡諾」（Meccano）組裝玩具。不過如果科技真能起飛，就像兩年內載人太空船往返火星一樣，四年上木星也並非不可能。

一座太空站、一種可以重複使用的火箭、一艘太空拖船——這樣的計畫令人心動。現在萬事具備，只欠將計畫付諸實施的經費、科學家與裝備了。

其實早在入侵烏克蘭以前，如本書前文所述，由於它的「太空計程車」服務面對越來越激烈的競爭，俄國的太空活動經費已經在失血。在過去，俄國幾乎壟斷將外國太空人送上國際太空站的業務，每人收費七千萬美元，現在沒了這項業務，對俄國的太空計畫財源造成的巨大影響可想而知。此外，美國也逐漸不再採購俄製火箭引擎，改採美製引擎。

俄國從不發表軍用太空計畫的預算，但開源報導顯示，這項預算約為一年十五億美元。俄羅斯航天集團的經費已經削減到大約一年三十億美元，其中研發經費幾近於零。相形之下，單是航太總署的詹姆斯．韋伯太空望遠鏡計畫的預算就高達一百億美元。航太總署的年度預算約為兩百五十億美元，美國政府的軍事太空活動開支約為一年一百五十億美元。中國的太空開支比美國少得多，約為百億美元之譜，不過中國似乎決心增加這方面的預算。

此外，俄國的太空計畫還有各式各樣系統性問題，貪腐事件也層出不窮。而且除東方航天發射場以外，它們都依賴一種過時老舊的基礎設施，部分設施還位於國界之外。國內民營企業自然不願意投資這類高風險、政府壟斷、而且已經遭到國際制裁的產業。

人口老化使問題更加嚴重。俄國太空產業有經驗的勞動人口大多已屆退休之齡，在二〇三〇年前，這個產業需要至少十萬名受過高度訓練的專家才足以取代他們。但俄國太空產業的待遇比不上其他高科技產業，無法吸引年輕有才的俄國工程師與科學家。

隨著制裁對俄國經濟的打擊有增無已，材料的取得越來越難，俄羅斯航天集團的競爭腳步只會更加蹣跚。俄國不會認輸，不會接受二流太空國的地位，但既然沒了手段，保不住太空探索與科研調查領頭羊的地位，它也只能當個一流軍事應用大國了。

即使政府與政府間的關係已經切斷，若想保持俄國與美國太空社群溝通之門開啟，那麼雙邊合作必不可缺。通往和解之路往往晦暗不明，但有一條路卻如此光鮮亮麗，我們只要抬頭，僅憑肉眼就能看到它。它以每秒七點六公里的速度，每九十分鐘通過我們頭頂上方一次——它是國際太空站。

但太空地理終於不能免疫於地球的地緣政治。聯盟／阿波羅太空船接軌停靠，以及國際太空站帶來的和解，現在已經消逝在無際蒼穹中。

第八章　旅伴

「地球號太空船上沒有乘客。我們都是組員。」

——馬歇爾・麥克魯漢（Marshall McLuhan），哲學家

雖說中國、美國、俄國是三大太空巨頭，其他許多國家也在設法加強對太空事務的介入。新科技為越來越多國家帶來參與太空事務的方便之門，其中不乏開發中國家。不過迫於成本與基礎設施需求，大多數的國家無力獨力發射火箭。這是建立太空集團的動機之一。

歐洲人在這方面擁有最先起步的優勢。「歐洲太空總署」成立於一九七五年，一開始有十個會員國，現在有二十二國。歐洲太空總署主要由歐盟會員國基於「更緊密結盟」的抱負而組成，但它是一個個別機構，與歐盟的太空計畫無關。歐盟負擔歐洲太空總署約百分之二十五的預算，其他大部分由個別會員國負擔。歐洲太空總署會員國已經佔有衛星建造與發射、機器手臂與居住模塊等全球商業太空產業約百分之二十的市場。由於就預算與民企投資金額而言，這些歐洲國家與美國的開支相比幾乎只夠得上零頭，能搶下百分之二十的市佔率已相當難能可貴。

來自太空的觀測可提供地球天氣狀況的高解析圖像，例如這張一九九四年太平洋上空艾米莉亞颶風的影像。（圖片來源：Wikimedia Commons）

作為一個組織，歐洲太空總署已經取得幾項重大成功，包括「伽利略全球定位系統」（Galileo global navigation system）、「哥白尼地球監測計畫」（Copernicus Earth Observation Programme）、以及它在國際太空站扮演的角色。不過，面對在月球建立基地這樣雄心勃勃的計畫，歐洲國家不僅需要彼此合作，還得與一個大國合作——就這件個案而言，這個大國是美國。歐洲太空總署已經是美國的堅定盟友，是「阿蒂米絲協定登月計畫」的一環。

就這樣，俄國人把第一隻狗送上太空，歐洲人也可以說他們把第一頭羊送上太空。那頭羊就是「小羊夏恩」（Shaun the Sheep）。好啦，那不是一頭真正的活羊，但夏恩能用世界最常用的語言叫咩咩——會用英文叫「Baa」，用法文叫「Bee」，用日文叫「Meeh」，而且全世界一百八十個國家都有夏恩的身影，絕對稱得上是地球代表。

填充玩具小羊夏恩登上阿蒂米絲一號火箭，於二〇二二年十一月從佛羅里達州的甘迺迪太空中心升空，超越月球飛了七萬公里，然後返回地球。這是獵戶座太空船與航太總署重型太空發射系統火箭第一次整合試飛。獵戶座太空船的生命支持系統——負責提供動力、水、氧氣，並保持太空船飛在預定路線上——由歐洲太空總署製造，歐洲太空總署選擇由小羊夏恩出這項任務。歐洲太空總署的大衛．帕克（David Parker）說得好：「儘管它對人類而言或許只是一小步，但對羊咩咩來說，它是一大步。」

隨著阿蒂米絲協定登月計畫不斷推進，為確保本國太空人能夠搶得一席之地，來自非美國的阿蒂米絲簽署國的競爭預期會非常激烈，不過由於非美國的經費主要來自歐洲國家，也因為歐洲國家在計畫中扮演的重要角色，歐洲太空總署相信，「在我們的太陽系探索之旅中，歐洲太空總署的太空人一定有保障席位。」至於是哪一個歐洲國家出線，歐洲太空總署沒有說清楚。成為第一個登月的歐洲人是一件大事；泛歐洲團結有其極限，每一個歐洲國家都希望自己的太空人能跨出那「一大步」。

瞻望未來，航太總署有一項遠大的計畫，要在二〇二九年發射一艘名叫「彗星攔截器」（Comet Interceptor）的太空船，做它顧名思義該做的事：攔截彗星。根據計畫，彗星攔截器要在距地球約一百五十萬公里的二號拉格朗日點（L2）停在韋伯太空望遠鏡附近，等候一顆第一次進入太陽系的彗星接近，然後予以攔截。一顆第一次進入繞日軌道的彗星非常珍貴，因為如歐洲太空總署的麥克・庫波斯（Michael Küppers）所說，這顆彗星「含有來自太陽系伊始之初、原封不動的原始材料」，有助於我們了解「太陽系如何形成，如何演化」。

但儘管擁有毋庸爭議的專業與世界級裝備，在太空安全領域，歐洲國家正逐漸落後。歐盟的第一次國防部長會議直到二〇二二年才終於舉行；這樣的會議即使在二〇一二年舉行已經嫌遲，拖到二〇二二年舉行根本就是怠忽職守。歐盟身為一個機構，像其他任何重要經濟參與方一樣，得依賴以太空為基礎的資產，但歐盟欠缺保衛這些資產的手段。它不斷談到「需要確保我們（在太空）安全運作的能力」，但在反衛星武器、定向能武器等的實際建造方面卻毫無進展。「歐盟委員會」（EU Commission）正在進行太空垃圾追蹤，以及超安全量子加密通信裝置方面的研究，但始終沒有表示它打算怎麼保護這類裝置。當法國人在二〇一八年發現一顆俄國衛星逼近一顆法—義軍用衛星時，他們的第一個念頭不是「布魯塞爾（譯按：歐盟總部）打算怎麼處理這件事？」法國國防部長佛羅倫絲・

帕里（Florence Parly）說，「它逼得很近。有些太近了。」帕里指控莫斯科企圖攔截法國與義大利軍方在全球各地使用的超高頻譜通信。她還說，法國已經採取「適當措施」，不過沒有進一步詳述。歐盟成立太空軍的可能性，就像成立歐盟部隊一樣渺茫；各國自己建自己的太空防衛能力是比較可能出現的狀況。

義大利、德國、法國等三個歐盟會員國已經成立自己的太空指揮部，有自己的政策，成為歐洲首要太空國。這三個國家都參加了歐盟太空計畫，但對於歐盟委員會公報所說「可以成立工作組，研討舉行高階層會議的可能性。舉行這些高層會議可以檢驗是否可以舉行高峰會，討論會員國是否支持歐盟太空飛機在遙遙無期的未來某日某時發射」，它們早已失去等待的耐性，都正在積極組建自己的太空軍事力量。

就像在其他領域一樣，歐洲國家爭取的是戰略自主：就國家與歐盟層面而言，這是一項可以溯及幾十年前的政策。在上世紀六十年代，歐陸民主國或者可以依賴美國壟斷太空，提供它們的需求，也或者可以想辦法打造自己的太空能力。

首先採取行動的是義大利人。他們在一九六四年發射「聖馬可一號」（San Marco 1）衛星，雖說使用的載具是美國火箭，但總之，義大利因此成為繼蘇聯、美國、加拿大、英國之後，在軌道裡擁有衛星的第五個國家。從那以後，義大利就在國際太空站的研發中扮演重要角色，還為太空站出過幾名太空人，包括成為國際太空站第一名歐洲女性指揮官的莎曼莎·克里斯多佛蒂（Samantha Cristoforetti）。義大利巨型國防企業「李奧納多」（Leonardo）與法國公司「泰雷茲集團」（Thales Group）合夥，組成歐陸最大衛星製造業者「泰雷茲．雅雷尼亞太空」（Thales Alenia Space）。泰雷茲現在與總部設在盧森堡的「太空貨運無限公司」（Space Cargo Unlimited）合作，打造第一座浮動太空工廠，準備製造與生物科技、藥劑、農業、新材料有關的物件。為保持義大利的太空實力，義大利政府還編列一筆從二〇二一年到二〇二七年、幾近五十億歐元的預算，其中包括以九千萬歐元協助新創。

緊隨義大利之後採取行動的是法國。法國成為設計、製造、並發射自己的火箭的第三個國家。華府提議將法國置於美國的核子保護傘下，但遭法國總統查爾斯．戴高樂（Charles de Gaulle）拒絕。戴高樂決心重建法國國防力量，在他眼中，讓美國飛彈進駐法國國土是一件無法忍受的事。於是法國在一九六四年有了現役核子武器，翌年，一顆法國軍用通信衛星升空，大張旗鼓地告訴世人：法國人不靠美國人——戴高樂的「核子武裝」（Force de Frappe）已經擁有可以發射核子彈與衛星的彈道飛彈。法國這顆「大軍一號」（A-1，即 Army-1）衛星很快有了「阿茲泰利一號」（Astérix 1）的別稱。「阿茲泰利」根據法國家喻戶曉漫畫《高盧英雄傳》的主角「高盧阿茲泰利」（Asterix the Gaul）命名。高盧阿茲泰利是抵禦外國入侵的高盧人英雄（譯按：今天的法國地區古名高盧）。

這種「法國卓越論」在一九八〇年代再次出現。格達費（Gaddafi）上校統領的利比亞於一九七九年入侵北查德。一九八三年，華府向巴黎施壓，要法國出兵干預，協助查德，並且為法國軍方提供了法國技術能力辦不到的高解析度晰衛星影像。法國人有些疑心，認為美方提供的這些照片有一些老照片，目的在誘使法國捲入查德爭端。兩國之間的這項不和，導致巴黎的一項結論：法國不能依賴美國提供的偵查情報。在那個時候，法國得派遣噴射機飛十個小時，才能取得美國人只需幾秒鐘就能取得的影像，於是法國在一九八六年將「SPOT一號」射入軌道。SPOT一號是商用顯像衛星，能提供誤差不超過二十公尺的高品質彩照。SPOT一號的升空很及時，趕上「車諾比」（Chernobyl）核災事件，讓法國比其他歐洲鄰國家更能看清事件發展過程。

法國與西班牙、義大利合作研發的「海利歐斯」（Hélios，譯按：古希臘神話中的太陽神）軍用衛星於一九九五年升空，可以提供誤差不超過一公尺的黑白照。二〇〇三年「第二次波斯灣戰爭」（Second Gulf War）爆發前，它提供的情報說服了法國，讓法國決定不參與入侵伊拉克。

「海利歐斯」現已由雙用途「昴宿星」（Pléiades）系統取代。由「空中巴士」營運的昴宿星衛星系統，除為商業客戶提供情報以外，每天還要為法國與義大利國防部提供定額衛星照片。二〇一三年，當法國出兵馬利，以阻止叛軍向首都巴馬科（Bamako）挺進時，這些衛星照片提供了有用情報。

無論就商業與軍用而言，法國至今仍是世界級太空大國。法國在二〇二〇年發表的軍事太空戰略說，「法國不會投入一場太空武器競賽。」但多少有些矛盾的是，法國在之後的提案中主張建立納米衛星群，以保衛大型衛星，主張研發陸基雷射系統，以打瞎對手衛星，甚至還提出匪夷所思的計畫，準備在衛星上架設機槍。不過，巴黎已經表示不會打造自己的「直接上升」反衛星飛彈，因為此舉會增加低地軌上的太空垃圾，是不負責任的作法。法國於二〇一九年在圖盧茲（Toulouse）——空中巴士與泰雷茲等公司總部所在地——近郊設立太空指揮部。指揮部的任務是保衛法國衛星，嚇阻對法國太空軍事力量的侵略。

自力更生式的單邊主義有其侷限，特別是當我們緩緩邁向另一種形式的兩極化世界時尤然——這一次的兩極，一邊是美國，另一邊是（領著俄國老弟的）中國。法國為適應二十一世紀新局，也不得不調整它的「獨行俠」式政策。加入「聯合太空行動」（Combined Space Operations）計畫就是例證。「聯合太空行動」是美國、英國、澳洲、紐西蘭、加拿大等「五眼」（Five Eyes）聯盟情報蒐集部門的一個項目。法國也在加強與歐洲太空總署的合作。

儘管德國是第一個發射火箭進入太空的國家（韋恩赫．馮．布朗的V2），它在火箭產界的地位卻搬不上檯面。但德國擁有歐洲第二大太空工業，對歐洲太空總署的捐輸也位於歐洲第二。歐洲太空總署的「歐洲太空作業中心」（European Space Operations Centre）就位於法蘭克福（Frankfurt）附近的達姆斯塔（Darmstadt）。這個太空作業中心負責控制歐洲太空總署的無人太空船與追蹤太空垃圾。負責控制國際太空站上哥倫布研究實驗室的「哥倫布控制中心」（Columbus Control Centre），位於德國的慕尼黑（Munich）。負責訓練太空人的「歐洲太空人中心」（European Astronaut Centre），與德國的聯邦「航太中心」（Aerospace Centre）總部都位於科隆（Cologne）。歐洲太空總署的「火星快車」（Mars Express）探索任務——負責研究火星水源與生命跡象——使用的「高解析度立體相機」（High Resolution Stereo Camera），就是聯邦航太中心研發的。德國是地球觀測的全球領頭羊，生產了兩顆尖端科技雷達衛星——「陸地合成孔徑雷達X」（TerraSAR-X）與「數據高程模型X」（TanDEM-X）——提供高精密度的3D地球影像。

二〇二一年，德國軍方宣布成立一個新的太空單位，取了個響亮的名字叫做「Weltraumkommando der Bundeswehr」，不過經過翻譯之後就沒什麼了：它叫「武裝部隊太空指揮部」。武裝部隊太空指揮部基地位於荷蘭邊界附近的虞德姆（Uedem），主要負責太空防衛，工作重點為太空態勢感知以及保護德國軍用與民用衛星。德國國防部長安妮格雷．克拉姆—卡蘭鮑爾（Annegret Kramp-Karrenbauer）在主持虞德姆基地啟用典禮時，強調德國對這些衛星的依賴，「沒有它們，什麼也幹不了。」

歐洲另一太空大國英國，在脫歐後仍是歐洲太空總署會員國，但是地位為「第三國」，也就是說，英國不能使用「伽利略全球定位系統」，以及其他協助飛機著陸、船隻通過狹窄水道、以及精準追蹤車輛位置的太空設施。二〇二二年，當英國公司「國際海事衛星」（Inmarsat）開始測試可能的替代系統時，歐洲太空總署與歐盟太空計畫署都與之合作，以確保英國與歐陸兩套系統之間不會相互干擾。英國脫離歐盟是一場火爆鬧劇，不過在太空社群，雙方大多數的人都為此痛心不已，也都仍然善意滿滿，希望能重鑄新關係。

英國的故事與法國大不相同。在冷戰最初幾年，英國沒有自製衛星與火箭的能力，甚至直到今天在軍用衛星影像方面，英國仍然依賴美國。為換取美方衛星服務，英國讓「美國國家安全總署」（National Security Agency）在境內設立設施。但在一九六〇年代，英國成為繼美國與蘇聯之後，第三個擁有軍事保安通信衛星系統的國家。

英帝國的瓦解，使遍佈全球的英軍與情報中心失去彼此聯繫的管道。一九六九年，英國衛星「天網一A號」（Skynet 1A）由一枚美國火箭於甘迺迪角發射升空；其他衛星相繼跟進，不到幾年，從倫敦到新加坡等地基地的軍事通信重新連線。英國或許已經不復昔日帝國光輝，但在全球各地仍有許多可用資產。

這些衛星都佈署在靜止軌道上，因此英國在海外大多數的軍事與情報資產都能覆蓋。覆蓋面雖有一些空隙，但英國不以為意，因為倫敦認為這些空隙地區不會出現征戰。不過就是有冒失的敵人在「不會出現征戰」的地方——南大西洋——點燃戰火。一九八二年，阿根廷入侵位於天網衛星覆蓋區之外的福克蘭群島（Falkland Islands）。所以，當英國皇家海軍特遣艦隊抵達福克蘭外海、威逼阿根廷撤軍時，特遣艦隊與英國當局間的加密通信……很不暢通。好在英國人有朋友。英國特種部隊「空勤特戰旅」（SAS）使用可攜帶式美軍「三角洲」（Delta Force）特種部隊加密話機，透過美國「國防衛星通信系統」（Defense Satellite Communications System）與倫敦取得聯繫。若是沒了美方援助，福島戰爭的結局還難說得很。不過這次事件也讓英國人嚇出一身冷汗，決心投資研發新一代「天網」。由於天網繼續研發，英國軍方之後在巴爾幹、伊拉克、阿富汗的戰事中都能獨力通信。空中巴士公司則正在研發「天網六A」（Skynet 6A），預計二〇二五年升空，根據設計能抵擋高能雷射攻擊。

天網六A將由二〇二一年成軍的英國「太空指揮部」管控。這個指揮部位於南英格蘭「皇家空軍海威科基地」（RAF High Wycombe），在除了軍方以外，幾乎沒有人注意到的情況下悄然成立。但無論怎麼說，它的出現顯示，經過幾十年漠不關心，英國政界與安全部門精英終於發現太空事務攸關國際關係與戰爭成敗，不能再掉以輕心。英國政府也說，要讓英國成為太空領域「有意義的一員」。

太空指揮部說，它的任務是「保護與防衛英國與盟國在太空的利益，管控所有英國的太空防禦能力」。但它沒有提到任何有關採取攻勢，或有關反衛星能力與計劃的事。太空指揮部司令、空軍中將保羅．高夫雷（Paul Godfrey）說，「我們發展太空能力，最終追求的是防衛。保護與防衛我們在整個太空的資產是我們的一個目標……在沒有任何保護措施，或對周遭環境全然無知的情況下，你不會放任你的一艘航空母艦到處亂走。」太空指揮部的另一重點目標是軍事行動的衛星通信。以空勤特戰旅與「特戰海勤隊」（SBS）這類英國特種部隊為例，在採取軍事行動時，他們需要知道對手什麼時間擁有他們上空的偵監能力，英國太空指揮部什麼時間能看見他們，為他們提供支援。在過去，雲層與黑暗能提供戰略掩護，但一些現代衛星已能看透它們。高夫雷解釋說，「如果我們在其他軍種的兄弟姊妹同袍，能知道他們的位置什麼時候可能曝光，我們可以提升他們的戰力。現代衛星越來越厲害，夜晚與壞天氣已經不再能為他們提供掩護，他們知道這一點才能採取不同因應措施。」

英國或許在歐洲是唯二的軍事強權之一（另一國是法國），但就太空實力而言，卻落後中國、美國、俄國、日本、法國、阿聯大公國等國甚遠。英國國防部仍處於學習階段，而且隸下各部門，似乎也都還未能完全掌握二十一世紀權力政治與戰爭與太空密不可分的精髓。一名專精太空科技的英國情報人士說，「就科技而言，我們走在時代尖端，而且正集中力量經營低地軌，低地軌是我們投資努力的方向，不過就整體而言，我們不是那些大國的對手。」

為縮小差距，「英國航太公司」（BAE Systems，譯按：即「貝宜系統」）正在製造一群衛星，將它們送入軌道，使英國即使在黑夜與惡劣天氣中，也能蒐集地表高解析度影像，以及雷達與無線電頻率情資。這些名為「杜鵑」（Azalea）的衛星的感應器，能視任務需求，在太空重新配置。隨即，衛星上的機械學習裝備能分析數據，找出要找的活動，然後透過加密頻道將情資傳給客戶，預期這些客戶大多為軍方客戶。英國並且在康沃爾（Cornwall）建了一個新的太空基地，新基地將擁有英國境內第二長跑道，歐洲從此也可以利用傳統從地表起飛的飛機發射火箭，將衛星送入軌道。對英國太空軍事能力來說，這是往前邁出的一大步。

英國、法國、義大利、德國在歐洲太空總署的作為，使歐洲太空總署成為太空產業重量級業者。歐洲太空總署是第一個太空集團。中國、孟加拉、伊朗、蒙古、巴基斯坦、秘魯、泰國、土耳其在二〇〇八年成立的「亞太太空合作組織」（Asia-Pacific Space Cooperation Organization，APSCO），是第二個正式的太空集團。總部設在北京的亞太太空合作組織比照歐洲太空總署的模式建立，有一個常設理事會與秘書處。在地震頻傳的亞太地區，值此氣候變化令人憂心之際，結合多國共同研發衛星、共享情報，原本合情合理。但這個組織一切以中國馬首是瞻。成立這個組織的主要目標，似乎只在於擴大中國北斗導航系統足跡與美國的ＧＰＳ爭霸而已。

在印太地區，中國的龐大太空實力是太空研發與合作的焦點。但亞太地區另有一個不同調的團體——「亞太區域太空機構論壇」（Asia-Pacific Regional Space Agency Forum）。與以中國為首的「亞太太空合作組織」相比，以日本為首的「亞太區域太空機構論壇」成立得更早，但它不是一個正式機構。顧名思義，它是一個「論壇」，而不是一個「組織」。基本上，它是個討論會，不過參加討論的國家，例如日本與越南，都對中國不很友善。

像歐盟一樣，日本也是一個「民用太空大國」，但隨著東亞緊張情勢升高，日本發現即使不想投資軍用太空裝備也很難。但在軍用衛星情報方面，日本仍然繼續依賴美國，日本對軍用太空裝備的投資步伐也與美國的協助密切相關。

在民用太空方面，日本擁有傲人的太空史，還有一項極具抱負的月球計畫。世上擁有衛星發射能力的國家不多，日本是其一。日本在一九七〇年將它的第一顆衛星射入太空，到一九九〇年，日本的無人太空船已經成功進入環月軌道。國營「日本宇宙航空研究開發機構」（Japan Aerospace Exploration Agency）研發的小型「智慧登月探測器」（Smart Lander for Investigating Moon），能讓登月器在選定的目標區九十公尺內著陸。身為阿蒂米絲協定簽字國的日本，會參與門戶環月太空站的工作，有望在二〇二八、二〇二九或二〇三〇年的任務中派一名日本太空人登月。

日本民營企業也參與太空探索。二〇二二年十二月，一枚SpaceX火箭載著一個叫做「M1」的登月器升空，飛往月球。M1是設在東京的小公司ispace的產品。ispace希望爭取國營機構與商業客戶合約，幫客戶或將裝備送往月球，或進行月表觀測，尋找天然資源。M1的酬載包括阿聯大公國的「拉希德」（Rashid）月球漫遊車；「日本特殊陶業株式會社」（NGK Spark Plug Company）的一套固態電池（以測試電池的禦寒力）；加拿大公司「任務管控太空服務」（Mission Control Space Services）的一具人工智慧飛航電腦；以及另一家加拿大公司「加拿大航太」（Canadensys Aerospace）的人工智慧三百六十度攝影機（任務包括拍攝拉希德漫遊車）。

ispace有一段很有趣的公司史。谷歌在二〇一七年辦了一場比賽：第一家將月球漫遊車送上月球、行走五百公尺並發回影片的民營公司，可以贏得兩千萬美元獎金。許多民營企業加入競爭，其中一個叫做「伯東隊」（Team Hakuto）的參賽團隊，就是ispace的前身。伯東的研發重心是一輛月球漫遊車，但得依賴一個來自印度的對手公司將車送上月表。這兩個團隊便達成妥協，兩隊的漫遊車都參加五百公尺賽車。不幸的是，當二〇一八年比賽限期截止時，參賽團隊都沒有完成準備，因此沒有任何公司領到這筆獎金。

在實質上放棄武力了幾十年以後，日本已經緩緩、但穩穩地重新武裝。它的傳統部隊現已擁有攻勢裝備，但談到太空，東京仍然維持一種防衛態勢。日本是世界級科技領先大國，擁有強大工業基礎，但對太空通信系統高度依賴，這意味它的衛星一旦無法運作，將重創它的經濟。日本因此大舉投資太空垃圾的追蹤與處理科技。追蹤太空垃圾的責任，部分屬於「空中自衛隊」（Air Self-Defense Force，簡稱空自）隸下「宇宙作戰隊」（Space Operations Squadron, SOS）管轄。日本也對可能懷有敵意的外國衛星進行跟監，不過東京不大可能效法中國、美國等國的作法研發攻勢太空武器。

身為日本緊鄰的南韓情況也一樣，而南韓優異的科技能力意味，它也會像日本一樣成為太空強國。二〇二二年年底，首爾發射一個環繞月軌運行的探測器，研究月球化學成分與磁場，昭示南韓已經成為太空競賽參賽國。不過，這個探測器藉由一枚從卡納維爾角發射的SpaceX火箭載入太空的事實，顯示就目前而言，南韓的太空競賽實力仍然有限。

與南韓接壤的北韓擁有自己發射衛星的能力，主要靠的是位於黃海海邊的「西海衛星發射場」。北韓在衛星發射方面取得有限成功。從二〇一二到二〇二二年間，北韓曾五次發射衛星，只成功了兩次，而且這兩枚成功發射的衛星在升空後是否正常運作也是未知數。二〇二二年十二月，平壤宣稱已經將一枚衛星成功射入太空，還公布一堆影像——其中包括南韓首都首爾空拍照——以為佐證。這項能力意味，北韓在偵監情報方面已經不再完全仰仗中國。但即使這項宣稱屬實，北韓的衛星覆蓋能力仍然有限。平壤的鄰國與美國懷疑，北韓所以發射這些衛星，主要目的在於測試它發射攜帶核彈頭的洲際彈道飛彈的能力。北韓是否具備這種能力還很難說，但根據既有發射記錄，它似乎很可能已經擁有用「直接攻擊」（direct-assault）飛彈攻擊另一國衛星的能力。

印度是印太地區又一個重要太空競技參賽國。印度在民用項目上與日本、南韓密切合作，但它推動太空項目的主要動機，在於它不願在軍事上落在強敵中國之後。印度的國防安全顧慮主要來自印度洋與喜瑪拉雅山區——中國作戰艦艇現在已經常駐印度洋，近年來印度與中國也多次在喜瑪拉雅山區發生武裝衝突。

印度已經開始提升自己的太空能力，但成長的腳步仍然太慢，想在二〇四〇年成為重要太空軍事強國仍是難以完成之夢。新德里（New Delhi）在二〇一九年成立「國防太空署」（Defence Space Agency），但參謀首長們主張建立的全規模「太空指揮部」（Space Command）仍然遲遲無法建立。印度擁有一套軍用衛星系統與一套區域性民用衛星定位體系，但預算開支能力不如北京，不能像北京那樣斥鉅資發展自己的全規模全球定位系統。

印度還在二〇一九年成功測試了反衛星武器。中國在二〇〇七年的反衛星武器測試讓新德里見識到未來太空防禦的方向，也讓印度知道自己在這方面有多落後。為免太空軍事化，一連幾屆印度政府都致力加強外太空的全球治理，但到了二〇一九年，眼看著中國與其他國家不斷推進，印度終於達成不能駐足不前的結論。這是一項重大決定。新德里多年來一直批判其他國家的太空軍事化。二〇一九年這次反衛星武器測試使印度也在太空軍事地圖上插了旗。印度也嘗試在太空政策上，與它的「四邊安全對話」（Quad）夥伴（包括日本、澳洲、美國）合作。對於曾經是、未來可能還會成為世界不結盟運動領導國的印度而言，這是一項重要轉變。就像反覆重演的先例一樣，區域性競爭是這一切的幕後推手。新德里知道，中國在太空軍事活動上的專精，能為中國的盟友、也是印度死敵的巴基斯坦帶來一種有利的連鎖效應。

在民用太空項目方面，印度做得遠較得心應手。二〇〇八年升空的印度「月船一號」（Chandrayaan-1）在月極發現龐大冰藏，證明月球可能有水。這項發現加上其他幾項因素，引發打造月球基地的全球性熱潮。印度無力打造自己的月球基地或太空站，但也還沒有簽字加入阿蒂米絲協定。不過，印度的商用太空產業正在成長，而且政府「太空署」已經利用設於東海岸金奈（Chennai）附近的發射站，為印尼、馬來西亞、土耳其、瑞士、拉脫維亞與墨西哥等幾十個國家提供衛星發射服務。

澳洲是印度的「四邊安全對話」夥伴，而澳洲的軍事思考也主要聚焦於因應中國。但與印度不同的是，一旦它擁有的少許衛星遭到中國的「動能」攻擊，澳洲並無防禦對策。澳洲幅員廣大，但目前就太空能力而言，它是一個小國。不過情況正在變化——為切合它現有身為中階陸權與海權國的地位，澳洲有意在二〇三〇年成為中階太空國。

澳洲位於南半球的態勢，引來正在物色一處安全地點、建立情報蒐集與太空追蹤站的友邦的矚目，這個友邦就是美國。在澳洲建基地可以建在偏遠所在，既有助於安保，也意味可以幾乎不受任何無線電頻率干擾。使用澳洲境內的基地，可以觀察北半球基地觀察不到的部分太空，還能以很好的位置監測中國的太空發射與地球同步軌道。澳洲在一九六一年與美國簽訂協議，在境內建立幾處這樣的基地，負責追蹤美國的太空任務火箭，包括一九六九年的登月火箭。其中最著名的首推「松樹谷」（Pine Gap）觀測站。若不是距離澳洲「北領地」（Northern Territory）的「愛麗絲泉」（Alice Springs）相對較近，這座觀測站絕對稱得上「前不著村，後不著店」。

松樹谷大概算得上美國在境外最重要的情報蒐集設施了，美、澳兩國能以一種互信關係緊密結合，這處設施功不可沒。澳洲享有美國核子保護傘保護，而松樹谷正是澳洲為取得這樣的保護而做的回報。松樹谷基地於一九七〇年開張，但直到一九八八年才取名「松樹谷聯合防衛設施」（Joint Defence Facility Pine Gap）。「聯合」一詞反映這個基地在運作上出現的變化。基地的高級管理職位——包括副司令——開始由澳洲國防官員執掌。松樹谷「所有的活動都得經由澳洲政府完全知情與認可」也已成為一項美、澳雙方奉行的鐵律。

在二〇一三年的一次國會演說中，時任澳洲國防部長的史蒂芬・史密斯（Stephen Smith）重複這項鐵律，他還指出美、澳同盟關係現已擴及「網路、衛星通信與太空等現代領域的合作」。松樹谷的設施中，有一處美國「太空基紅外線系統」（Space-based Infrared System，SBIS）的「中繼地面站」（Relay Ground Station），負責針對彈道飛彈發射提供預警。印太地區有中國、北韓、巴基斯坦、印度、美國等核武國，數目之多超越任何其他地區，也因此澳洲的太空基紅外線系統是一項重要的防衛資產。

坎培拉（Canberra）於二〇二二年在皇家澳州空軍體系內成立「國防太空指揮部」（Defence Space Command）。這顯示，澳洲政府已經認識這個新地緣政治與戰事領域的重要性，知道發展太空事務需要一種完全獨立的自主權。同年發表的一份文件談到澳洲需要建立「如果遭到破壞可以重組，如果遭到攻擊可以防衛」的能力，反映了這項認知。這種「能力」指的是建立大批小型衛星，以便一旦衛星在軌道中被毀，可以迅速替換。文件中沒有指明澳洲計劃建造多少軍用衛星，但很可能至少要建造一些「兩用」衛星。太空指揮部司令、空軍副元帥凱莎琳・羅伯茨（Catherine Roberts）承認澳洲「落後甚遠」，需要「加速建立這項能力，讓我們能應對威脅」。

當澳洲於二〇二一年簽署「奧庫斯」（AUKUS）防衛聯盟時，創設太空指揮部的需求增加了。由澳洲、英國、美國組建的奧庫斯聯盟，主旨在協助澳洲建立核子動力潛艇艦隊，但聯盟內部有一項諒解，就是三國需要在太空合作。美國人有太空軍，而英國人有太空指揮部，因此在奧庫斯聯盟簽字後幾個月內，澳洲成立了國防太空指揮部。

就商業角度而言，澳洲投入這場競賽的時機很遲——直到二〇一八年，澳洲才建立民用的太空署。這個太空署規模雖小，抱負卻很大，要在二〇三〇年前，將澳洲國內商用太空產業從一萬個就業機會與三十九億澳元產值，增加到三萬個就業機會與一百二十億澳元產值。這是個遠大的目標，但至少他們已經動手了。澳洲沒有自己的衛星系統，這意味就目前而言，在氣象預測，以及從火山到野火等天災監控方面，澳洲得仰仗其他國家。澳洲得依賴日本、中國、歐洲太空總署與美國提供數據。為匡正這項缺失，澳洲啟動的一項十年計畫要建立一個澳洲衛星群，投入氣象、通信與軍事用途。

在涉及太空事務時，印太諸國間的關係頗能反映這個地區的政治與經濟現實。為追求霸權，中國建立「亞太空間合作組織」以削減日本在這個領域的影響力。憑藉拉攏開發中國家，幫它們支付部分與會成本的作法，中國這項政策已經取得若干成功。日本與印度為謀反制，已經不斷提升太空軍事能力，加強彼此以及與澳洲的合作。中國是最大玩家，但沒有什麼友人，即使是亞太空間合作組織會員國也不例外。在亞太地區，除了中國，幾乎所有的國家都提心吊膽，擔心會遭中國碾壓。

這樣的分裂意味，整個亞太地區結合在一個組織框架內的機率幾乎為零。所幸在科研與商用項目上，合作空間仍多，但在軍事上，看來前景仍以集團對抗為主。

在中東地區，幾個太空強國刻正崛起，未來的結盟情勢仍不明朗。世上最小國家之一的以色列，早於一九八二年就在科技部轄下成立太空署，並且在成立後不到六年，將它的第一枚衛星發射升空。在二十世紀七十年代，由於軍方預警系統未能偵知埃及與敘利亞發動的「贖罪日戰爭」（Yom Kippur War）奇襲，讓以色列全國為之震撼。以色列政府因此斷定，它需要自己的衛星跟監能力。

以色列打造衛星科技的進程幾乎稱得上無中生有，所幸曾在六十年代與法國合作研發彈道飛彈，從而擁有火箭知識，這使以色列獲益匪淺。在一九八〇年代，以色列將它原本用來攜帶核武器的「耶利哥二型」（Jericho-2）火箭改裝成「彗星」（Shavit）運載火箭。以色列現在擁有一系列偵測與通信衛星。

大多數的國家朝東方發射太空火箭，如前文所述這是為了攫取地球自轉速度之利，但彗星運載火箭反其道而行，朝西方發射升空。這種「逆向」發射旨在確保火箭飛越地中海，而不會飛越以色列、以及阿拉伯鄰國（其中若干國家仍對以色列保有敵意）上空。這麼做的目的既在於保護住在地面的民眾，同時也因為以色列不願阿拉伯鄰國將它的太空火箭發射誤認為飛彈攻擊。

彗星運載火箭升空後直接飛越地中海，之後穿越狹窄的直布羅陀海峽（Gibraltar Strait），然後繼續飛越大西洋上空。西向飛行需要耗用更多燃料以掙脫大氣層，使火箭的酬載重量減少三成。這是一項劣勢，但以色列已經將它局部翻轉，化為一項優勢。就像以色列因安全挑戰而發展太空能力一樣，逆向發射也促使以色列達成「微型化」科技突破，研發成功重量較輕、但仍能提供高解析度影像與加密通信的衛星。衛星越小，一枚火箭可以搭載的衛星越多，發射成本效益也更高。

以色列目前正在研發編隊飛行的「納米衛星」（nanosatellites），並建造預定在二〇二五年射入軌道的「紫外瞬態以色列太空望遠鏡」（ULTRASAT Israeli Space Telescope）。以色列的「近地物體知識中心」（Knowledge Centre on Near Earth Objects）計畫測繪可能危及地球的物體位置圖，並找出應對解決方案，設於赫蒙山（Mount Hermon）的「以色列宇宙射線中心」（Israel Cosmic Ray Center），則負責監測太陽風暴這類可能帶來危險的太空現象。

以色列人還有重返月球的雄心壯志。沒錯，是「重返」月球。以色列民企SpaceIL早在二〇一九年已經將一艘名為「創世紀」（Beresheet）的太空船送上月球。創世紀號在緩緩飛越寧靜海上空時因出現硬體故障而墜落。它至今仍留在月表，艙內仍藏著一本希伯萊聖經微型拷貝。這本聖經的第一個字就是「Beresheet」，意即「創世紀」或「萬古之初」。

這只是一個開端。在創世紀號墜落月表一年之後，以色列與阿拉伯聯合大公國簽署「亞伯拉罕協定」（Abraham Accords），正常化雙方關係。兩國都是太空科技的世界領導國，也因此順理成章地在二〇二二年宣布，將在SpaceIL領銜下，共同展開「創世紀二號」登月任務。

創世紀二號預定二〇二五年升空，根據計畫，一艘環繞月軌飛行的母船將釋出兩個登月器，一個降落在面對地球的月表，另一個降落在直到目前為止，只有中國探索過的月球背面。如果計畫成功，它將是史上第一次「雙著陸」，這兩個登月器也將成為登上月表的最小型機器，每個登月器加上燃料也只有一百二十公斤重。釋出登月器後，母船將繼續環軌飛行五年，將兩國共同關切的氣候變化、沙漠化與水源供應情資數據送回地球。

二〇一九年升空的創世紀一號在船舷上有一面牌子，上面寫著「國雖小，夢很大」字樣。這幾個字同樣適用於阿拉伯聯合大公國。阿聯大公國擁有中東最具抱負的太空計畫。

這個能源豐富的阿拉伯蕞爾小國，在二〇〇九年（從哈薩克）發射它的第一枚觀測衛星，直到二〇一四年才成立太空署。但在二〇二一年二月九日，它的「希望號」（Hope）太空船抵達環繞火星的軌道，開始研究火星大氣，使阿聯大公國成為繼美國、蘇聯、歐洲太空總署與印度之後，人類史上第五個進入火星軌道的國家。僅僅二十四小時後，「天問一號」太空船出現在火星軌道，中國也因此成為抵達火星軌道的第六國。

儘管取得如此驚人成就，阿聯大公國太空署主席莎菈・奧・阿米立（Sarah Al Amiri）並不滿足。她的團隊正籌劃一次三十六億公里的飛越金星之旅，以及一次攀登小行星。飛越金星的任務計畫在二〇二八年升空，攀登小行星的日期則訂在二〇三三年。為掙脫對石油與天然氣營收的過度仰仗，阿聯大公國大舉推動經濟多元化方案，計劃將自己打造成先進科技中心，太空署就在這種時空背景下成立。阿聯大公國已經可以製造自己的衛星，並在研發一種稱為「瑟伯」（Sirb）——阿拉伯文「鳥群」之意——的小型衛星群。

像以色列一樣，阿聯大公國也是阿蒂米絲協定簽字國。這項協定並不禁止簽字國與其他國家合作，但阿聯大公國敞開大門、讓中國深入它的太空產業的作法已經引發關切。中國電話公司華為藉由替阿聯打造5G網路，已經深入阿聯。儘管阿聯保證這些5G網路沒有任何用來竊取安全資訊的後門，阿聯的西方盟友的焦慮並沒有因此解除。二〇二一年，美國以安全顧慮為由，取消了一項賣五十架F35戰鬥機給阿聯的交易。這些戰鬥機不會使用華為5G網路科技，但華為系統的地面站與通信塔台可以輕鬆窺探美國最新一代戰機的運作。

現在，阿聯大公國打算派出「拉希德二號」（Rashid 2）月球漫遊車參與中國的二〇二六年登月計畫，還可能加入「阿蒂米絲三號」（Artemis 3）載人計畫，在一處擬議中的登月點運作。曾經得在華為與F35之間做出選擇的阿聯大公國，現在可能得在美國領導的阿蒂米絲計畫與中國登月計畫之間作取捨了。

中東地區唯一擁有本身發射設施的另一國家是伊朗。德黑蘭在一九九九年宣布計劃建造衛星，還要製造送衛星進軌道的火箭。不過有關建造火箭的計畫大體上是幌子，目的在掩護它的長程飛彈研發。

伊朗的太空署屬於通信部該管，但製造太空火箭的公司同時也製造飛彈，都是隸屬國防部的分支。伊朗最強大的軍隊「伊斯蘭革命衛隊」（Islamic Revolutionary Guard Corp，IRGC）有自己的太空項目，而且直接聽命於最高領袖，不受總統節制。伊朗原有幾枚自製、自營的衛星，在二〇二〇年發射一枚純軍用衛星，二〇二二年又射了一枚偵察衛星。

所以伊朗有建造、發射與運作衛星的能力，但做得都不很好。他們做的火箭動輒失敗，衛星的品質一般低劣，生命週期短暫，而且只能在低地軌運作。無論如何，伊朗科學家不斷學習、精進，而且頗具野心，只不過他們掛出的要在二〇二五年送人上太空的保證似乎有些太超過。在二〇一三年，伊朗也曾掛出保證，要在二〇一八年送人上太空。當時的伊朗總統馬穆德·阿瑪迪加（Mahmoud Ahmadinejad）還自告奮勇，要當伊朗第一名太空人，說為了伊朗偉大的太空計畫，他願意犧牲自己的生命。算他走運，伊朗的太空計畫始終沒有真正起飛。如今眼看二〇二五年限期逼近，伊朗當局開始認為二〇三二年或許是比較實際可行的送人上太空限期。

當總統伊布拉辛·萊希（Ebrahim Raisi）二〇二一年上台時，他的政府對伊朗太空計畫呈現的「可憐」狀態表示痛心，誓言加以重振。太空署負責人隨遭解職，當局保證在五年內送衛星進入地球靜止軌道，還宣稱必將讓伊朗成為中東最頂尖的太空強國。低地軌衛星發射數量隨即增加，當局還計劃在洽巴哈爾（Chabahar）港都建立一個新發射中心。新發射中心位於伊朗東南部，距離赤道不遠，所以火箭可以在升空後東向飛越印度洋。

伊朗不斷努力，力求拉近以色列與美國這類潛在敵國佔有的太空優勢。理論上，伊朗可以將它的一型中程彈道飛彈改裝成衛星殺手，但要擊中以每秒七點八公里速度在地表上空三百公里運行的衛星需要相當精度，而這樣的精度遠非伊朗現有能力所能迄及。相形之下，對衛星進行干擾與欺騙的做法比較廉價，也較為容易，而且德黑蘭也擁有這方面的經驗。多年來，德黑蘭一直在對幾十個對伊朗的波斯語廣播進行干擾。由於以電纜傳送的網際網路服務遭到嚴厲審查，數以百萬計伊朗百姓只能從衛星廣播中尋求外來資訊，這意味為尋找、封鎖來自外在世界的訊號，伊朗政府必須隨時處於戰鬥狀態。

像其他許多國家一樣，伊朗用太空遂行民用與軍事用途，像大多數其他的國家一樣，伊朗也將其中軍用部分進行偽裝。由於它想方設法謀取核武器（它否認如此），許多先進大國對伊朗的太空計畫充滿疑慮，不斷加以阻攔。不過，大多科技能力較差的國家同意德黑蘭的觀點，認為太空不應由少數搶先進入太空的先進國家把持，認為太空必須向全世界開放，供世界各國推動科技、經濟、甚至軍事運作。

非洲國家無疑同意這種觀點。包括南非、尼日利亞、肯亞、波札那與盧安達在內，許多非洲國家都有自己的國家太空署。它們沒有真正恢宏的短程太空探測雄心壯志，但它們強調任何規範太空活動的法律框架都必須是一種全球性作業。大多數的非洲國家沒有在這場中、美太空競賽中選邊站隊，誰能開出最有利條件幫它們加速本國太空產業，它們就與誰合作。舉例說，尼日利亞的最初兩枚衛星由中國發射，但在二〇二二年與盧安達一起加入美國領導的阿蒂米絲協定。為非洲國家發射最多衛星的是俄國，以次為法國、美國，再接下來是中國與印度。

非洲聯盟（AU）在它的「二〇六三綱領」（Agenda 2063）中列出十五個關鍵項目，其中一項是研擬全非洲性的太空戰略。「二〇六三綱領」是一項長程工作架構，目的在提高十二億（而且還在不斷迅速增加的）非洲人民的生活水準。這項綱領認定，非洲必須支持迅速成長、聚焦太空的新創產業，不能坐視不理，任由自己始終是太空科技淨輸入方。但儘管於二〇一七年通過決議建立太空署，並且選擇將總部建在埃及，但事情就此打住，沒有進一步進展。倒是個別國家紛紛邁步向前。

儘管許多非洲國家有自己的國家太空署，非洲大陸上並無發射設施。在種族隔離期間，南非曾是核子強國，擁有位於開普頓（Cape Town）東方海岸的「丹尼爾．奧福試射場」（Denel Overberg Test Range），為以色列的耶利哥二型火箭進行試飛，還在一九八〇年代末期將三枚南非火箭射入亞軌道。但這一切隨著戴克拉克（F. W. de Klerk）於一九八九年上台，謀求結束種族隔離政策、下令停止核武計畫而改變。南非於一九九一年簽屬「核子非擴散條約」（Nuclear Non-Proliferation Treaty），奧福的發射設施也隨之解體。此後，非洲國家不再擁有自己的發射設施。

雖說如此，對許多非洲國家來說，衛星將成為一處主要成長領域。大多數非洲的經濟體極度仰賴農業，也因此容易受到氣候變化效應加害。自第一枚非洲衛星一九九八年進入軌道以來，非洲已有四十幾枚衛星升空，而且升空率還在不斷加速。第一枚非洲衛星是埃及的「尼羅衛星一〇一」（Nilesat 101），任務在為五百萬家庭提供多媒體服務，不過現在發射的衛星大多用來進行環境監測。它們取得的衛星數據可以用來丈量森林與湖泊規模變化，作為及早發現問題的預警系統，還能用來增加食物生產。以迦納大學（University of Ghana）與「雨林聯盟」等團體共同參與的「農業開發衛星」（SAT4Farming）為例，能提供有關個別耕地的資訊，協助迦納數以萬計的可可農戶增加收成與收益。

南非製造自己的衛星，在二〇二二年利用SpaceX將開普頓設計、製造的三枚納米衛星發射升空。這三枚衛星每枚都只有20公分×10公分×10公分大小，是南非「海域感知衛星」（Maritime Domain

Awareness Satellite）星群的一部分，負責監測、辨識南非海岸外的船舶。南非的「經濟專屬區」（EEZ）一直延伸到海岸外兩百浬，由於南非海岸線特別長，它的經濟專屬區比它的陸地面積還大。有了這些納米衛星以後，南非可以用比過去幾十年更精確的手段控制它的海域。

尼日利亞也有自己的衛星，並且曾經用這些衛星協助政府監控尼國北部「伯科聖地」（Boko Haram）叛軍動態。但在二〇二一年爆發又一起集體綁架女學童事件之後，衛星覆蓋有限的缺失也隨之曝光。尼日利亞「國家太空研究與發展署」（National Space Research and Development Agency）署長承認無力追蹤綁架女童叛軍的動態，因為研發署的高解析影像衛星「並非靜止於叛軍犯行現場上空」。有更多衛星才能提供更廣的衛星覆蓋，才能協助尼日利亞維護多年來派遣維和部隊前往非洲各地戰區的傳統。

非洲太空事務的另一關注重心是天文。非洲相對清朗的夜空引來外界公司大舉投資與學術界的興趣。衣索匹亞、埃及、尼日利亞、納米比亞、模里西斯與迦納都設有大型天文觀測站，招攬業餘天文人天文觀光的產業也方興未艾。

無論就視像與無線電天文而言，南非都擁有特別有利的地位。南非境內人煙稀少地區甚為廣大，這些地區有無線電「靜默」區，有清澈的天空，可以直視銀河。世上最大的「狐獴」（MeerKAT）無線電望遠鏡位於南非「北開普」（Northern Cape）就是這個道理。狐獴望遠鏡由南非政府斥資三億三千萬美元於十年間建成，有六十四個衛星碟，每個衛星碟有二十公尺高。

狐獴無線電望遠鏡自二〇一八年啟動以來，寫下多項成功，包括發現比銀河系大二十二倍、過去卻一直隱而不見的巨型星系。在今後幾年，「狐獴」將納入「平方公里陣列」（Square Kilometre Array，SKA）作業。平方公里陣列結合南非與澳洲境內近兩百個衛星碟與十三萬一千個天線，是一項由印度、中國、義大利與葡萄牙等十餘國出資進行的國際盛舉。平方公里陣列預定二〇三〇年完成，屆時將是全球最大的科學結構——儘管它綿延一百五十多公里，如果你將它的衛星碟與天線湊在一起，面積可以覆蓋約一平方公里，它因此得名。

平方公里陣列能看穿光學太空望遠鏡無法看穿的宇宙塵埃，讓我們的知識獲得革命性進展。據說這個陣列極為敏感，可以接收遠在萬億公里外星球上的機場傳來的訊號——如果真有這種機場的話。國與國、公司與公司之間的合作能造福全體世人：這是又一例證。自進入太空時代數十年來，我們已經眼見無數其他類似案例，儘管世界走向兩極化，正在進行的科學與商業合作仍多。不過，一旦涉及硬核政治，我們只能重返冷冰冰的現實。

目前看來，以上提到的國家，以及巴西、土耳其與印尼這類潛在太空國，都還遠遠不具備挑戰太空三強鼎立現況的條件。此外，二〇二〇年成立的「拉丁美洲與加勒比海太空總署」（Latin American and Caribbean Space Agency）也有七個會員國，像澳洲太空署一樣，也還在發展階段。二〇一九年成立的「阿拉伯太空合作集團」（Arab Space Cooperation Group）是另一國際太空合作組織。這個組織彼此之間雖鮮少通信往來，十一個會員國確實每年集會，協調政府層級大多數的活動。對大多數的國家而言，一面加入太空集團，一面營造獨立自主衛星能力是美事一樁。但澳洲太空署的進展顯示，集團一旦欠缺活力可能帶來的隱患。

除歐洲太空總署以外，真正能在地緣與太空政治上舉足輕重的兩個集團是美國領導的阿蒂米絲協定與中—俄月球協議。所有這三個集團都在嘗試塑造太空行為準則與國際法。就大體而言，歐洲太空總署比較疏遠中—俄，更加接近美國的觀點。其他國家在衡量自己的選項時，不僅必須考慮本身對特定太空議題的感覺，還得留心選擇站在一個或另一個集團一邊，將如何影響自己與它的關係。隨著太空領域的經濟與軍事重要性不斷增加，必須選邊站隊的壓力也增加了。就像地球上一樣，太空的情況亦復如此。

第三部 未來的過去

PART 3 FUTURE PAST

第九章　太空大戰

「無限有二：一是宇宙，一是人類的愚蠢；至於宇宙，我還不敢斷言。」

——愛因斯坦

人類每在進軍新領域時總是將戰爭也帶了進來。造船業崛起導致戰艦出現。飛機製造業帶來噴射戰鬥機與轟炸機。太空也不例外，潛在戰場正開始成形。

我們知道我們欠缺能夠引導太空和平作業的有意義的架構；越來越多國家開始涉入太空；從「拉格朗日點」到月球基地，各爭議區的情勢已經緊張。我們一旦爆發太空衝突，會像什麼樣子？

就概念來說，有些太空政治作者認為，就像過去各國爭奪海運線，搶佔海上通信與貿易一樣，太空戰也要爭奪太空軌道線，成為一場爭奪太空通信線的戰爭。還有一些人，例如太空戰專家布雷丁・鮑文（Bleddyn Bowen）教授，則將這些軌道線視為一種「宇宙海岸線」，就像海權國利用海岸向外投射力量一樣，陸權國也可以將力量投入太空，取得他們上空的控制權。對外行人來說，將太空視為「高地」也很有用——就像想控有一塊土地，想主導戰場情勢，就得搶佔居高臨下的地利一樣。但並

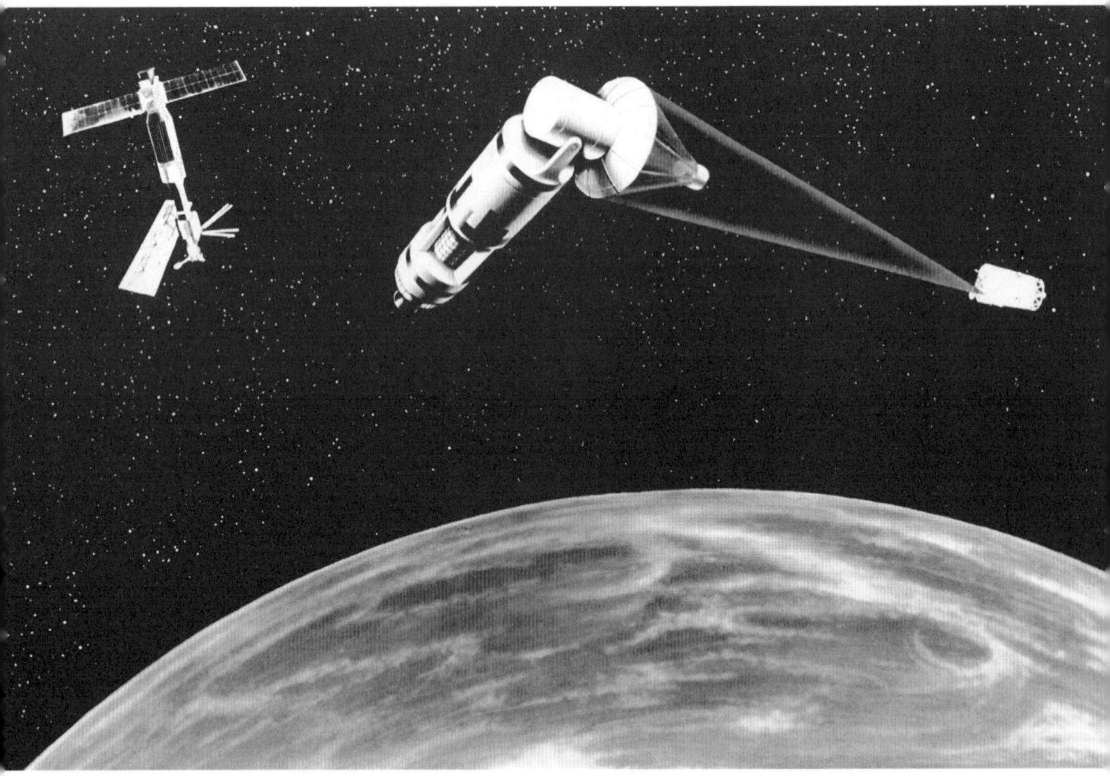

描繪軍事衛星在太空中發射雷射光束的想像圖（圖片來源：Wikimedia Commons）

非每個人都同意這種說法。布朗教授就認為這種說法有誤，因為它意味應該不計一切代價保衛太空資產，但布朗認為太空只是「一處可以取得若干優勢的地方」而已。不過無論怎麼說，大多數的分析家都同意就短期而言，沒有一個國家可以支配太空——而且就目前而言，就算最強的太空強國也不能保證能藉此控有地球。但分析家們大體上公認，隨著太空軍事與經濟重要性不斷增長，競爭也會加劇。此外，由於理論上最後可能出現一個取得主控的強國，所有主要國家為免落榜，都在進行太空投資，而二線國家也在設法降低他們對「三巨頭」的依賴，防止太空壟斷。

導致人類史上第一場「太空戰」的源起，可能今天已經出現。

至少對今後十年來說，一場太空戰爭基本上會是一場地球的戰爭。有鑒於今天世上科技先進國之間的戰爭如此仰賴太空，太空無疑是現代軍事思考重心。沒了衛星，指揮官不知道應該將他們的航空母艦、長程飛彈與軍隊佈署在哪裡，也搞不清敵人的確切位置。

艾夫雷．道爾曼教授表示，在不久的未來，亞太地區涉及中國、台灣、印度、日本與美國的緊張情勢很可能演成太空衝突，而在今天，美國投射軍力的能力，幾乎完全仰仗太空支援。這類能力包括精準導向，情報與跟監，以及由於自信對敵人佈署與意圖瞭若指掌而產生的、採取行動的政治意志。也因此，中國如果想發動一場美國反對的地面軍事行動，在行動展開以前先打垮美國的太空支持，能為中國帶來極大優勢。

這類衝突並非無可避免，制約這類衝突的因素也不少，但在過去，確實也曾多次出現國與國因誤判與誤解而交戰的先例。國家也會投入先發制人之戰。我們可能看到太空在地表衝突中扮演更大角色，以下關於先發制人戰爭的情節，不過是一種可能性罷了。

二〇三〇年五月二日，凌晨三時零九分。科羅拉多州「夏延山空軍基地」（Cheyenne Mountain Air Force Station）。值夜班的一名專業四級（Spc4/E-4）太空系統作業員發現，兩枚中國衛星正往一枚監控台灣海峽的美國衛星逼近。她雖說是大空軍成員稱為「衛士」（Guardian）的低階人員，但由於中國當時正在海岸擴軍，她知道這件事必須立即上報。

三個月來，中國解放軍不斷把船艦、軍隊與登陸舟艇調進海岸，釋出可能攻擊台灣的訊號。美國人有些不解。因為中國此舉顯示有意發動跨海攻擊，但它的登陸舟艇數量卻遠遠不敷兩棲攻擊所需。

五月二日，七時二十四分。兩枚中國衛星逼得更近，上述專業四級作業員的報告這時已經進了白宮。華府將一通外交電文送交北京：「你們跟得太近。離遠一點。」北京當天就做了回覆。中國堅持它的衛星並無惡意，還引用二〇〇二年「聯合國外太空原則條約」（UN Treaties and Principles on Outer Space）的文字說，「所有天體都應開放自由進出」。中國並且提醒華府，別忘了二〇二八年那次由於美國近距離「檢視」一枚中國衛星而引發的危機。

整個五月間，情勢一直緊張，特別是在美國將兩枚小型「保鑣」衛星射入中、美雙方衛星之間後，情勢更加劍拔弩張。一週後，英國為示與美國同進退，也採取同樣行動。

六月一日。這起事件逐漸從新聞頭條中淡出——因為衝突並未發生，而且台灣海峽季風季節已至，沒有人會選在這時用兵入侵。

九月四日。海面平靜——但緊繃的外交情勢行將炸裂。

九月十二日，九時二十分。一枚與「五眼」情報蒐集網連線的澳洲衛星神秘從軌道墜落，進入大氣層然後焚毀。又一枚中國衛星緩緩接近一枚美國衛星。這枚美國衛星是美國核子嚇阻指揮管制系統的一部分。華府升高警戒等級。對美國監控台海情勢的能力構成潛在威脅是一回事；挑釁美國核子嚇阻力量是又一回事。如果早期預警系統「熄火」，美國可能淪為一場核子奇襲的目標。

美國要求召開聯合國安理會緊急會議，並在會中建議成立衛星「清空區」，規定衛星不得在一定距離內接近他國衛星。這次緊急會議與這項建議最後都不了了之。北京重申它按照規矩行事，這一次它引用的是「外太空條約」的規定：太空「不是國家可以藉由宣示主權而據為己有」的領域。

九月十九日，十九時四十一分。由於中國船艦展開兵員裝卸演練，華府下令一個航空母艦戰鬥群駛離東京灣，與位於沖繩外海、距離台灣飛行時間一小時的一艘日本航母會合。英國航母「伊莉莎白女王二世號」（Queen Elizabeth II）奉命從朴茲茅斯（Portsmouth）啟程，澳洲的新型核動力潛艦也開往菲律賓海。印度與南韓呼籲各方保持冷靜。

十月三日，凌晨四時（太平洋時間）。事情發生了。但過程並非像美國人擔心的那樣。

中國艦隊在空軍掩護下駛出沿岸港口。二十分鐘後，兩枚中國衛星用雷射光照射它們「尾隨」的美國台海監控衛星的攝影機，「打瞎了」這枚美國衛星。同時，台海上空的美國、日本與澳洲衛星，也因中方釋出的錯亂訊號或遭干擾，或遭欺矇。就在這時，中國派出的「入侵艦隊」開始返港，但飛在艦隊上空、負責掩護的中國飛機繼續沿海岸南下，飛到距離中國大陸只有三公里、台灣控制的金門島上空。

中國解放軍曾於一九四九年在金門吞敗，一九五八年再次奪島也鎩羽而歸，不過這一次的金門戰役很快結束了。台灣已將佈署在金門的守軍從二〇〇〇年的五萬人減少到二〇二〇年的只有三千人。自二〇二二年起，台灣在烏坵佈署最新型無人自射短程武器系統，作為嚇阻中國三度奪島的防衛主力。問題是佈署在海南島附近的中國電子戰人員已經侵入這個系統。在小股特戰隊員乘坐小型快艇實施跨海突襲後，這些武器系統大都廢了功。此外，少數仍然運作的武器系統也瞄錯了方向。特戰隊員不是最大問題。兩萬名傘兵在中國空軍全面掩護下空降金門，在一百八十七公里外、台灣本島巡邏的台灣空軍沒能搞清這種真正狀況。百分之三十的金門島防務在第一波攻擊中被毀。敗戰已是既成事實——金門於九時五十分投降，島上十六萬百姓現在為中國控制。

台灣要求美國加入他們，一起發動反攻。華府沒答應，台灣知道它無力自行反攻。但美國人也很清楚，美國對這件事必須有所反應。

十月四日，十時十分（太平洋時間）。兩枚裝備小型推進火箭的「保鑣」衛星，花了一天時間運動到那些中國衛星上方，用機械手臂把中國衛星推落大氣層焚毀。中國人很惱火，不過接下來的事更加兇險。

十二時五十五分（太平洋時間）。美國人用X４０A無人太空飛機發射雷射光，把一枚最接近美國核子指管衛星的中國衛星擊成幾千片碎片。美國人於二〇二〇年代初期為和平用途而推出能發射雷射光的X３７，X４０A是可以重複使用的X３７的新版機種。這是一次有角度的攻擊，也就是說，被擊毀中國衛星化成的四千片碎片大多散入太空深處，不過仍有幾百個小碎片留在軌道裡，讓來自中國等幾個國家的太空人面對比過去更大的風險。不僅如此，美國人還往傷口抹鹽，用又一枚美國衛星追蹤中國的一枚海軍通信衛星。這枚美國衛星用二十四小時逼近，抓住中國衛星的天線，把它彎成一百八十度。製造了一次太空小車禍。

北京揚言報復，不過也只能說說而已。這場危機終於平息，但落塵持續，陰影多年難去。美國、日本、澳洲、印尼與英國一起與台北簽訂防衛條約，表示一旦台灣「本島遇襲」就會馳援台灣。但條約中沒有保證將協防金門與台灣之間的其他島嶼。此外，儘管人類史上出現了第一次太空軍事行動，但主張「滾出我的軌道」（GOOMO：即Get Out of My Orbit）的「太空態勢感知」（Space Situational Awareness）條約沒有因此簽定。

嗯……重新回到地球上吧。一切未來可能出現的場景都是純理論推斷，以上情節可能有瑕疵，不過其中大多數的科技已經存在。太空軍已經有太空系統作業員；法國已經研發出能攜帶「積極防禦」武器的保鑣衛星；打瞎與欺騙衛星的裝備已經問世；台灣已經在烏坵佈署自射火炮；X37太空飛機也已經是事實。

雖說人類已經利用太空進行地球上的戰爭，在可以預見的未來，太空戰事本身將進行得非常緩慢。衛星可能已經在彼此相互攻擊，不過一切太空機件運作都需要耐著性子、小心謹慎、精確運作。作業員必須估算不同軌道交叉點，才能將衛星引入位置，讓它奪、撞、甚或射擊另一衛星，因此改變衛星軌道需要耗費許多心力。而且，雖說衛星移動極快，比飛射的槍彈還快，但太空非常、非常大。以低地軌（從地表上空一百六十公里起）與地球靜止軌道（地表上空三萬五千七百八十六公里）之間的面積為例。這兩個軌道之間的面積比地球面積大一百九十倍。在這麼大的空間運作，想快也快不起來。

如果你在太空拍攝一部衛星追逐廝殺的即時影片，你得一整天其他什麼都不做，還得準備一大堆爆米花，還有咖啡才行。好處是，你不必擔心上個廁所就會錯過精彩鏡頭。

這種運作緩慢的特徵有好處，也有壞處。好處是它為可能的對手帶來時間，讓他們相互聯繫，設法化解一場迫近的危機。但先下手為強的風險也因此增加。如果一個國家發現對手國正在將幾枚衛星移入可能帶來巨大威脅的位置，這個國家可能對所謂「殺戮鏈」（kill chain）——對手國設在地面、用來支援衛星的基礎設施——發動攻擊。這種攻擊可能透過網路戰完成。就算攻擊以外交手段進行——舉例說，攻擊國表示，這項攻擊只是針對威脅性行為的一種「適度反應」，它不會再採取進一步攻擊行動——仍然很容易引發報復反擊。遭到先發攻擊的一方，會對攻擊方的衛星發射反衛星武器，然後也說自己只是在做「適度反應」。一旦事情演到這個地步，從雙方就此打住到一場核子大戰爆發，一切都有可能。

對所有衛星而言，反衛星武器都是一種隨時存在的威脅，特別是對核武國負責預警系統的衛星，反衛星武器更是攸關生死存亡的重大議題。有些預警衛星能針對可能攜帶核彈頭的飛彈來襲提出警告，還有些預警衛星（例如美國的「先進極高頻」（Advanced Extremely High Frequency）衛星網）可以在核子攻擊過後發揮通信功能。這類衛星每個都有一棟小房子般大小，造價都在十億美元以上，任何對它們的威脅都能使擁有它們的國家非常、非常緊張。

未來的衛星會更精密，也更昂貴。以美國正在建造的「次世代空中持續紅外線」（Next-Generation Overhead Persistent Infrared）預警系統為例，預定於二〇三〇年服役，造價好幾十億美元。這類衛星系統有房子般大小，是很能讓對手垂涎的目標。特別有鑒於前文所述太空戰場景中談到的「太空態勢感知」（Space Situational Awareness，SSA）問題，有關各國尤其需要訂定規範條約，以策安全。

由於有關國家在這類問題上欠缺協議……隨著競爭加劇，衝突可能性也水漲船高。或許我們還沒有走到這一步，不過以下場景難保不會在不久的將來出現。

二〇三八年四月四日，上午五時十分（月球時間）。「阿蒂米絲統合月球指揮部」（Artemis Integrated Moon Structure，AIMS）

自一艘俄國太空登月船一天前從莫斯科以北「普利茨克太空發射中心」（Plesetsk Cosmodrome）升空以來，日本月球觀測值班人員一直在追蹤這艘登月船。這艘登月船在升空後最初幾分鐘的軌跡，明白顯示它的目標是距離多國阿蒂米絲統合月球指揮部基地五百公里的俄國月球站，但夜班值班人員在即將交班時發現它改變了軌道。它現在似乎正朝阿蒂米絲與俄國月球站兩者之間的點飛去。之後它的飛行路線又一次改變。作業人員迅速做了幾項估算，隨即按下警鈴。

這艘顯然違反阿蒂米絲協定的俄國登月船，正朝位於月球南極「永恆之光群峰」（Peaks of Eternal

Light）的英國基地直飛而來。但由於俄國不是阿蒂米絲協定簽字國，莫斯科一直不承認阿蒂米絲協定條款對它有任何約束力，至於英國在「夏克頓撞擊坑」（Shackleton Crater）附近自行宣布的「安全區」，對俄國來說就更加形同具文。夏克頓撞擊坑擁有巨大冰凍水資源，坑內因永久不見天日還藏有甲烷，是重要的月球土地。

英國、美國、日本與阿聯大公國等四個阿蒂米絲協定簽字國基地都響起警鈴，不過英國基地必須迅速採取行動。英國人出動一輛機械漫遊車以封鎖登陸跑道，基地的氣閉門也雙重緊鎖。五時五十五分，俄國登月船利用相對平坦的地面，開始沿著登陸跑道右側、避開漫遊車滑行而下。六時零九分災難發生。一顆小圓石滾入登月船船底，造成登月船上一個翼板打斜，撞到月表。撞擊力讓登月船滾了三百六十度，略朝左翻轉五十公尺，撞上漫遊車，斷成兩截。

英國醫護隊抵達出事現場，在登月船前艙找到六名死難的俄國宇航員。在後艙，英國人發現兩輛車：一是基本款機器人營建機，一是具備鑽探能力的漫遊車。情況似乎是，莫斯科打算「在月表造成事實」，以突顯它反對「安全區」的立場。俄國認為，所謂「安全區」不過是列強為掩護在月球建立勢力範圍而釋出的煙幕罷了。

四月六日，二十時三十八分。在聯合國「太空理事會」（Space Council）緊急會議上，英國為俄國宇航員喪生的悲劇致上「誠摯哀悼」，但也表示俄國人不理會「安全區」很是不幸。俄國人則怪罪英國，認為英國不該封鎖登陸區，並且提醒與會人士說，一九七九年的月球條約將月球與其資源視為「人類共同遺產」。美國人隨即在會中指出，這項條約一直未經批准。中國代表沒有吭聲。危機就此結束了嗎？

四月十三日，五時十二分（月球時間）。俄國人又來了。這一次俄國明白宣布他們的意圖。莫斯科告訴美國「北聯」（North Link）公司，它打算在北聯設於月球北極的鑽探基地登陸，開始鑽探稀土。北聯答稱，特別由於北聯已經投入巨資確認稀土資源位置，俄國此舉將損及北聯商業權益。華府於是警告莫斯科，它在地球以外仍有保護美國公民的職責，並且下令太空軍提高警戒。

就在俄國太空船開始下降時，美方用三輛漫遊車封鎖登陸跑道，並在俄國人通信頻道上不斷廣播示警。一分鐘過後，佈署在跑道前、左、右三方「前進作業基地」（FOB）的美方作業員開始用雷射光從三個方向照射這艘俄國太空船，認為俄國人會就此拉高太空船飛走。但始料未及的事發生了。俄國太空船用一道強力定向能光束攻擊跑道前方前進作業基地的雷射發射器，將它打爆。發射器爆炸碎片在前進作業基地側面打了一個十公分寬的洞，還在兩名美方雷射作業員中一人的壓力服上打出幾個孔。等到美方救援隊匆匆趕至現場時，這名作業員早已殉職。

俄國太空船確實也拉高飛回俄國太空站，不過這一次沒有時間召開聯合國緊急會議或發表什麼嚴詞譴責的聲明——美國人開火了。美方用一枚巡弋飛彈攻擊俄國北高加索齊蘭楚卡雅基地的一個光電感應器。同時，美方用陸基「直飛」飛彈將三枚俄國間諜衛星轟出低地軌。美方還發動網路攻擊，打瞎四枚商用衛星，造成俄國行動電話系統與莫斯科股市大當機。根據保守估計，在接下來十八個小時中，俄國經濟因這次事件蒙受的損失約為七億六千萬美元。

美方的攻擊經過仔細盤算。攻擊目標與俄國的核子預警系統沒有直接關連，對齊蘭楚卡雅基地的飛彈攻擊也只殺了俄國第三軍團太空偵監師的三名士兵。但俄國的反應讓分析師們大惑不解。俄國人當然懂得美國人的意思——華府顯然採取了「適度反應」，俄國人現在可以就此打住，透過外交管道解決問題，或者也可以採取類似行動，同樣採取「適度」克制行動。但在之後四十八小時，俄國人將六枚殺手衛星送進華府核子預警衛星後方就位，展開攻擊。在太空軍用「直飛」飛彈將所有六枚俄國殺手衛星全數擊毀以前，四枚美國核子預警衛星已經遇襲。美國的部分預警系統因此癱瘓，迫使華府將戒備狀態升級到「DEFCON 2」（二級警戒），寫下美國自一九六二年古巴飛彈危機以來採取的最高警戒。莫斯科也跟進，宣布進入「最高等級戰備」——僅次於核子大戰的最高警戒。

美國迅速從軍用太空站附近倉儲取出緊急備用衛星，換下遇襲受損的四枚核子預警衛星，也就是說，這時雙方都清楚地看到對方正在佈署核武，調動軍隊與船艦。全世界都在屏息以待。而就在白宮與克里姆林宮各自開會，考慮發動先制攻擊時，中國人拿起電話。

二〇三八年這場核子大戰危機就此化解。北京主持一場三邊高峰會，三巨頭在會中同意採取一些「信心營造措施」，包括三方同意所有佈署在月球上的採礦雷射都只能將槍口朝下。表面上緊張情勢降溫了。但每個人都心知肚明，在不到百年之間，「相互保證毀滅」機制已經第二度遭到幾近破功的考驗。就像一九六二年古巴飛彈危機一樣，這場危機也在各造齊心努力下化解。但如果發生第三次——事情或許沒那麼幸運了。

這種危機情節最危險之處，就在於核武國的預警系統一旦失靈可能引發的後果。如果一個國家找不出何以潛在對手要打瞎自己的預警衛星的理由，發動先制攻擊的可能性會迅速升高。

此外還有幾個明顯而迫在眼前、或將在不久未來出現的危險性。舉例說，印度與巴基斯坦兩國如果以反衛星武器相互攻擊，可能把它們的盟國也拖下水——或者更糟的是，這兩個核武國可能升高它們的行動。

一個流氓國家可能秘密建立一支殺手衛星艦隊，並發動這支艦隊向一個國家、甚或向全世界勒贖。

另一個流氓國家，在遭到排擠，無法加入一項協議而分享太空探勘之利之後，可能憤而在低地軌引爆幾枚巨型核彈，炸毀大多數在低地軌運作的衛星，讓整個世界陷入一片混亂。

這是科幻小說嗎？美國於一九六二年展開代號「海星一號」（Starfish Prime）的軍事項目，在太平洋上空四百公里處引爆一枚熱核彈頭——為的只是想知道這樣做會有什麼結果。海星一號核彈頭的威力比當年投在廣島的彈頭強一百倍。引爆後不到幾秒鐘，爆炸引發的電磁脈衝搗毀了夏威夷供電，從夏威夷到紐西蘭，整個夜空因人造極光而染上一片詭異奇彩。一條人造輻射帶在地球周邊形成，持續十年才逐漸消散。至少七枚衛星受損或被毀，包括一天前才剛發射升空的「電星」（Telstar）通信衛星。美國人驚駭不已。一名科學家後來說，「讓我們大感驚訝與沮喪的是，事情發展證明海星一號大幅增強了『范艾倫輻射帶』（Van Allen belts）的電子……這樣的結果違反我們所有的預測。」

蘇聯也曾認為在地球附近試爆核彈是個好點子。好在之後達成協議，禁止進行這類試爆。不過這類試爆證明一件事：如果一個流氓國家真的在近地軌道進行威力強大的核爆，可能迫使衛星在許多年內無法在近地軌道運作。卡在核爆中的衛星將被摧毀，核爆釋出的輻射將使任何升空取代的機器淪為廢鐵。

對未來的太空戰而言，這一切都是完全可能成真的事件。既如此，我們該如何加以防範？

太空政治思想家中的鷹派信心十足，認為既然太空軍事化已經是進行式，就應該搶先升高太空軍備，達到一種讓競爭對手無法迄及的高度。他們主張的是一種嚇阻戰略。

武器管制的老問題是，沒有人會與一個沒有武器的人談判武器管制。威廉．湯瑪斯（William Thomas）與桃樂希．湯瑪斯（Dorothy Thomas）的「湯瑪斯定理」（Thomas theorem）雖說直到一九二〇年代才問世，但它似乎可以運用在一切有記錄的歷史上：「如果人把情勢斷言為真，這些情勢就會逐漸成真。」國家往往把潛在威脅視為真實威脅。也因此，一個決定不再與對手競逐軍事太空優勢的國家，多半成不了氣候，你最好別把注押在它身上。

奉政治領導人之命，軍事指揮官負責建立軍力，以提升所謂國家利益。以美國太空軍二〇二〇年「企劃指導」（Planning Guidance）文件為例：「太空軍奉命組織、訓練、裝備、展現武力，以維護美國在太空的行動自由；組建聯兵殺傷戰力與效力……建立太空嚇阻力量，讓對手知道美國有能力迫使敵人付出代價，讓敵人的目標無法得逞。」這是一種對潛在對手的示警。而示警正是美國太空戰略的一部分。

走漏機密與故意洩密、讓對手知道你有多強大、從而讓對手不敢蠢動——這兩者之間有微妙差異。如果你一切守密，對手由於搞不清狀況，可能認為自己有冒險一擊成功的可能。蘇聯與美國在一九八〇年代簽訂的武器裁減條約，就以一項共同監督彼此核武軍力的協議為重心。這項協議，套用雷根的說法就是「Trust but verify」（信任，但前提是必須可以查證），不過雷根這話也是取材自俄國成語「Doveryai, no proveryai」（沒有驗證就沒有信任）。

今天，美國軍事太空戰略家們正在辯論一個問題：美國是否應該向北京與莫斯科展示美方摧毀衛星的能力，以嚇阻中國與俄國，讓它們不敢發動奇襲。主張應該的戰略家們認為，你不能用看不見的武器嚇阻對手。反對派則說，展示武力會加速武器競賽。這是個早在人類有戰爭時已經出現的老議題。在美國空軍，向對手「秀肌肉」稱為打開那扇「綠門」（Green Door），因為據說，美國空軍有一處藏有「最高機密」的基地，這些機密文件就藏在一扇綠門之後。

截至目前為止，由於有了「嚇阻」，沒有人敢按下那個「大大的紅色按鈕」，因為根據「相互保證毀滅」理論，每一方都知道核子攻擊會招來報復反擊，最後結果是全世界毀滅。誠如道爾曼教授所說，「相互保證毀滅（MAD）有三大要件：『相互』（Mutual，沒有人能倖免），『保證』（Assured，沒有如果或可是），與『毀滅』（Destruction，大家同歸於盡）。如果說出的威脅不夠權威……嚇阻會失敗。」

不過我們並沒有因「嚇阻」而不再投入較為傳統的戰爭形式。太空方面的情況亦若是。儘管沒有人——應該說，還沒有人——膽敢訴諸核子大戰，但打擊對手、卻不至於全面摧毀對手太空運作能力的選項，包括干擾、欺騙、攫取與駭入衛星而不製造任何可觀的垃圾等等，仍不在少數。也因此，「相互保證毀滅」式的嚇阻不能阻止世人繼續發展這類科技，投入較低階衝突——但所謂低階衝突的升高卻很容易。

一場新的武器競賽就此應運而生。為對抗這種情勢，我們需要一連串全面武器管制條約。

在我們面對的各式各樣威脅中，最大的威脅或許就是中國與美國間的競爭，以及地緣政治圈的所謂「修昔底德陷阱」（Thucydides Trap）。這是哈佛大學學者葛拉漢・艾里森（Graham Allison）在他的《注定一戰》（*Destined for War*）一書中創造的名詞。艾里森在書中引用修昔底德所著《伯羅奔尼撒戰史》（*History of the Peloponnesian War*）中的記述說，「雅典人的崛起，以及這項崛起導致的斯巴達人的恐懼，使這場戰爭無法避免。」今天的中國就是當年的雅典，今天的美國就是當年的斯巴達。艾里森在書中列舉十六個新興強國對既有強國構成取而代之威脅的例子，發現其中十二個例子最後都以戰爭收場。其餘四個倖免於戰端的例子，靠的都是富有想像力的政治運作。舉例說，在教皇干預下，西班牙與葡萄牙於一四九四年訂定「陶德西拉條約」（Treaty of Tordesillas），兩國之間一場毀滅性大戰得以避免。美、俄兩國幾十年前用冷戰取代熱核大戰是又一例證。所有這四個例證中都有妥協，這些妥協往往拖泥帶水，具有連鎖效應，但艾里森的重點是，毀滅性的全面軍事對抗得以因這些妥協而避免，這些例子有助於太空時代的超級強國學樣。今天的太空三巨頭需要妥協。

但不利這種妥協的因素也不少。中國與俄國都認為，美國所以進軍太空，目的就在保住美國在地球的霸權。就若干方面而言，它們或許沒錯。同樣，美國也擔心中、俄兩國可能藉由科技進展加強威脅美國的軍事能力——而這種說法也不無道理。

威脅與反威脅之間的分野很難劃分。舉例說，俄國與中國都在新世代極音速導彈科技方面領先。

洲際彈道飛彈的發射與飛行遵循一種可以預測的軌跡，但極音速導彈不一樣。極音速導彈可以在穿越高層大氣途中進行操控，改變方向與高度，而以高達八馬赫——每秒約二點七公里——的高速飛行。這種導彈不僅速度快，特別也因為它沒有一定的軌道，無法判斷其攻擊目標，美國的飛彈防禦系統會來不及因應。有鑒於極音速導彈可以攜帶核彈頭，被攻擊的一方很可能假定核彈來襲，而決定在導彈擊中以前先發動核子反擊。

如前文所述，美國正在研發一種對付極音速導彈的分層防禦系統。美國打算在太空佈署能夠追蹤這種導彈的感應裝置。同時，攻擊方衛星上的飛彈導引系統，也將淪為美方從海、陸、與／或太空發動的攻擊目標。在不久的未來，能夠朝下方開火、攻擊導彈的衛星也將出現。

商業利益的保衛也是考慮重心。許多世紀以來，國家隊跟在貿易商腳步之後插旗的例證屢見不鮮。中國與所羅門群島（Solomon Islands）二〇二二年的協議就是一個近例。根據這項協議，如果中國在所羅門群島的利益遇險（例如當地二〇二一年發生的、針對中國財產與人民的暴動），中國可以用政府「力量」馳援。國家可以對它們在太空的商企抱持類似觀點——國家隊會跟在貿易商腳步之後在太空插旗。

所以，問題得有解決辦法才行。道爾曼教授認為應該採取一種不同的行動路線，提出「相互保證依賴」（Mutual Assured Reliance）戰略：既然太空就本質而言就具有全球性——從一種太空政治角度分析，它是宇宙中的一個點——來自它的任何利弊得失都應由全球所有國家共享；當然，這種共享並不均等。與其一味擔心喪失太空資源取用權，不如我們攜手並進，「共同探勘太空，為全人類創造富足的未來，讓世界各國均蒙其利」。

我確信大多數的人完全贊同道爾曼這項主張。問題在於如何讓世人克服種種歧見，攜手並進。如何讓世人放棄武器試驗、殺手衛星、以及軍用太空站與基地。

二十世紀法國哲人雷蒙．亞隆（Raymond Aron）已經逝世四十年。雖說在他有生之年，一些現代科技奇觀尚未問世，但他已經認清我們一個最老的問題：「除非人心與國家本質出現革命性改變，否則哪有什麼奇蹟能讓星際太空免於軍事化？」

革命萬歲。

第十章　明日世界

「我凝望未來，窮肉眼之所能及；
我看到明日世界，
還有它為我們帶來的一切奇觀。』

——奧夫瑞．丁尼森爵士（Alfred, Lord Tennyson），一八四二年

過去遙遠的，現在近了，過去慢的，現在快了，過去的不可能而今成為常態。抱持這種想法，我們有關太空與未來的思考應該不受任何限制——除了就實作基礎而言，甚至不受科學限制。用以下兩種信念作比較。首先是達文西（Leonardo da Vinci）：「我一直覺得我的宿命就是造一部可以讓人飛上天的機器。」

現在談談著名加拿大裔美籍科學家（Simon Newcomb）在一九〇二年說的話：「用比空氣重的機器飛行，縱非絕無可能，也是不切實際與沒有意義的想法。」一年後，奧維爾．萊特（Orville Wright）在小鷹鎮（Kitty Hawk）駕機飛入達文西憧憬的未來。

描繪毅力號火星探測車在二〇二一年二月十八日登陸火星（圖片來源：Wikimedia Commons）

我們現在寫的是未來的太空史。我們已經有偉大的開拓先驅，創下彪炳功業。他們足跡所至與他們的作為，都曾嘔心瀝血，無比艱辛。

我們將在今後二十年面對龐大阻礙，不能克服它們，我們也無法精進，面對挑戰。歷經千辛萬苦，好不容易走到今天的人類，不能就這樣裹足不前。

擺在我們眼前的，不會盡是那些「人類崇高未來」之類的東西。太空既是有利可圖的所在，就有人上太空賺錢。太空充滿商機。如果平民百姓的太空飛行成為常態，太空旅店也將緊隨而至。想讓你的骨灰撒在低地軌？找「銀河葬儀社」（Galactic Funeral Service）就行了。如果一家公司不在乎惹惱地球上大多數的人，那麼就可以用布滿整個地平線的廣告照亮夜空。如果這些事引不起你的興趣，或許「Techshot」（譯按：美國微重力設備製造商）的「生物製造設施」（BioFabrication Facility）可以讓你關注太空。Techshot公司希望能用這種新科技在低地軌列印人類器官，從而解決在地球上列印，因地心引力壓力限制細胞與組織自然成長而造成的問題。

一旦重返月球，我們也跨出邁向未來的第一步。一旦重返月球，就像千百年來人類在地球探索時面對的問題一樣，我們也必須立即面對食物、飲水、庇護所等問題。但除了這些問題以外，我們還得製造可供呼吸的空氣，得尋找製造它們所需的能源，而且這一切都得在離地球三十八萬四千公里的月球完成。

探月先驅已經在月表進行探索。基於許多理由，早期阿波羅探月船總是選在月球赤道附近登陸，其中一個理由是，在返回地球途中，如果升空後發生系統故障事故，在赤道升空能給太空船一個「免費回程」的機會——太空船可以在月球繞圈，利用它的重心，彈射重返地球。

月球的赤道地區，由於最經常直接曝曬於陽光下，相對於兩極，擁有更集中的helium-3儲藏，也由於helium-3極可能成為月球、地球與進一步星際探索的能源（見第三章），探月項目很可能主要選在赤道地區進行。

不過，在二〇二〇年代末期與二〇三〇年代，月球赤道或許不是行動主軸所在。在尋找住所時，我們考慮的不外是「位置」、「位置」、「位置」。房地產經紀或許也會用同樣這句話，向你推銷一處位於月球赤道附近的房子，就算那是個煤窖，那經紀也會對你盛讚它「絕佳的自然採光」。前後兩個星期，這裡確實有滿滿的自然光，但在兩星期過後，接著而來的是持續兩星期不斷的自然黑夜。這是因為月球自轉一圈，要花用地球上一個月的時間，月球上的一晝與一夜各需地球上約十四天時間。換句話說，如果你從你位於月球赤道的住所仰首望天，太陽緩緩橫過天際、消失、然後返回原位置的全過程要花二十九點五天。也就是說，就算上月球只為度個假，你有一半時間無法為電池充電，而在月球上，你需要電池。

但這也是真的——月球赤道溫度反差極大，白晝可以高達約攝氏一百二十七度，夜晚又會降至約攝氏零下一百七十九度：從「熱得像火烤」到「銅猴子上的砲彈都結凍了」（Freezing the balls off a brass monkey）。或許你知道，「銅猴子上的砲彈都結凍了」是一句英國諺語：皇家海軍將砲彈像金字塔一樣，堆在甲板所謂「銅猴子」的銅製彈架上，天氣驟冷，銅收縮，金字塔也垮了。這當然不是事實，沒有人會把砲彈像金字塔一樣堆在甲板上，因為船在風浪中行走時甲板起伏搖晃，堆成金字塔的砲彈不在甲板上到處亂滾才怪。不過這話重點是溫度起伏，造成金屬膨脹、收縮。太空船裡的金屬器材、氧氣罐與生活區若是膨脹、收縮，事情就大條了。

最早先登月的機器與人類，總是選在月球破曉時分，選在持續兩星期的月球白晝的開端，在氣溫還沒有出現極端變化以前登陸，這是一個原因。在這段時間登陸，需用的裝備可以設計為抵抗極高溫或極低溫，不需考慮溫差極度變化的問題。

有鑒於月球赤道的這些難題，新一代太空船更有可能選在月球兩極登陸。兩極才是人類常駐的最佳地點，它們通常比赤道冷，但溫差起伏溫和得多，特別是在半永晝地區尤其如此。

如前文所述，科學家正在月球南極的艾肯盆地「獵屋」。在這個地區，太陽只能升到略高於地平線的位置，陽光照不到火山口內深處。也因此，當地大多數的火山口有億萬年不見天日，可能藏有可以加工製成氧、水與氫的冰，而這些都是月球基地需用的火箭推進劑成分。

美國航太總署科學家已經在月極緯度六度內找到幾處地區，希望可以做為第一座登月基地所在地。這些地區每個都有十五乘十五公里大小，都可以建立多個登陸區。低垂空際的太陽，應該可以讓第一批屯墾人用太陽能板取得足夠能源，展開新探索。

無論在哪裡生活，可供呼吸的氧都是延續生命的要件，所幸所謂「月壤」（regolith，又譯表岩屑）的月球表土，可能可以滿足這項需求。只需花幾百英鎊買一個望遠鏡，就能清楚看見億萬年來持續不斷的殞石撞擊在月表造成的坑洞。月表滿佈這種巨型坑洞。但數以百萬計「微隕石」造成的效應就看不見了。這些微隕石位月表留下砂粒般的表土，不過這些砂粒比地球上的砂粒尖銳、粗糙得多。當然，「月壤」覆蓋整個月表，換言之你不需要搜遍整個月球尋找。將月壤置於容器內，高溫烘烤，加一些氫氣，再用上一點科學知識，就能形成水蒸氣，可以將水蒸氣分解為氧與氫。而且……還能用來吸。

然後用來呼——因為使用一種國際太空站上已經使用的科技，就像他們排出的汗與尿液一樣，太空人的呼吸也可以用來生產氧。誠如太空人道格拉斯．威洛克（Douglas H. Wheelock）對《紐約時報》所說，「在國際太空站上，昨天的咖啡會是明天的咖啡。」

所謂靠山吃山，靠海吃海，我們有了光、水、氧氣與能源，現在我們還需要庇護所。一開始，我們可以用從地球帶來的組裝家具或充氣結構解決住的問題。這些庇護所必須蓋上月壤，保護住在裡面的人免於常年侵襲月球的巨量輻射之害。根據德國人在一次中國登月行動中取得的實驗數據，月表由於缺少大氣，輻射程度比地表高兩百倍。所幸月壤有很高的太陽輻射抗阻力，以及低「熱導度」（thermal conductivity），也就是說，月壤可以做為月球基地的「卵石塗層」。

一旦庇護所建立、運作，我們可以探索其他選項，包括一個「地下層」。月球有約兩百處已知的坑，裡面有許多洞穴，許多洞穴能保持攝氏十七度恆溫，科學家稱它為「穿毛衣的天氣」。根據判斷，由於懸垂的岩石阻擋，洞穴內白天不會太熱，晚上因散熱不易，也不會太冷。

《地球物理研究通訊》（*Geophysical Research Letters*）發表的一篇報告在結論中指出，「月球洞穴能為月球的長程探索與居住提供一種溫和、穩定、安全的氣溫環境」。有些洞穴是類似地球上發現的那種「熔岩管」（lava tube）。熔岩管是熔岩流冷卻後形成的一種中空、長形的隧道，往往從通道分出一些洞穴。航太總署與歐洲太空總署的太空人已經在接受地下探索的訓練。它們將太空人團隊派赴西班牙蘭薩羅德（Lanzarote）島的熔岩管，熟悉地形，練習駕馭月球漫遊車在隧道穿梭，進行3D環境繪圖，評估其「可穿越性」。反諷意味十足的是，在人類離開洞穴、開始造屋好幾千年之後的今天，我們竟然開始用最前沿的科技進行重返洞穴的探索。

一旦水、氧氣、能源確立，庇護所與生產食物的溫室建立之後，我們會盡快轉移注意力，開始開採月球上豐富的稀土元素。

這一切都是今後十年粗略規劃的一部分。阿姆斯壯當年跨出的那「一大步」，現在有了一連串接踵而來的小小步，遲早有一天這世上會出現不在地球上出生的人類。但這話扯得遠了，想走到那一步，我們還有數不清有待克服的挑戰——如何保護孕婦免於輻射與零重力之險就是個大問題——不過邁向未來之旅已經展開。

所以，我們準備進軍火星了。有鑒於地球與火星之間相距之遙，從月球升空並不能造成多大影響，但如前文所述，這麼做可以減少需用的燃料。登陸火星時，我們會碰上一切登月遭遇的問題，而且問題只會更多，此外，火星的距離比月球還遠兩百多倍，把人送上火星比登月的挑戰艱巨得太多。

談到火星之旅，時機最是重要。選在地球與火星距離最短的時段出發好處多多；有鑒於這兩個星球的橢圓形軌道，這類短距每二十六個月出現一次。如果你想趕這種時機，你已經錯過了兩個星球六萬年來最接近的一次機會。這個機會出現在二〇〇三年。下一次這樣的機會得等到二二八七年。

如果你有一輛可以以約百公里時速穿越太空的車，你得開著它走兩百二十八年，歷經無數「我們到了沒？」之後才能抵達火星。如果你駕的是一艘以光速飛行的太空船，只需幾分鐘就能到火星。但截至目前為止，人類科技還沒那麼厲害，從地球升空的太空船得花一百二十八到三百三十三天左右才能跑完這段旅程，所以你得在狹小的壓力艙內窩居九個月左右才成。此外，如果計劃回程，你得先撥出兩年時間，因為你必須在火星上等幾個月，確定地球運轉到適合你返鄉的位置才能飛回來。如果你貿然從火星返航，繼續環繞太陽飛行，當你回到原出發點時，地球已經不在當地。這問題大了。

在二〇二二年，馬斯克把人類首登火星的日期提前到二〇二九年——這一年，地球與火星之間的距離縮減到約九千七百萬公里。地球與火星平均相距兩億二千五百萬公里，所以九千七百萬公里算是相當短的捷徑了。如果你想訂購赴火星的機票，以下日期或許對你的賣屋計畫與日程安排有幫助：二〇三一年五月，二〇三三年六月，二〇三五年九月，二〇三七年十一月與二〇四〇年一月。如果你想成為第一百萬個飛上火星的人，可以試一試二〇五〇年八月。馬斯克將在這一年慶祝他的七十九歲生日——或許他會在火星上慶祝。或許不會。

火星是個「大哉問」。無論什麼時候，若有人提出載人登陸的日期，至少再加個五年，準沒錯。自二〇一三到一五年以來，網際網路擠滿各種文章，表示人類將在二〇二〇年代登陸火星。荷蘭公司「火星一號」（Mars One）說它將在二〇二三年載人上火星，還因此從投資人處取得好幾千萬美元資金。結果它在二〇一九年宣布破產。航太總署說，「可能」可以在二〇三三年載人環繞火星軌道，估計得到二〇三九年才能載人登陸。中國計畫在二〇四〇與二〇六〇年間登陸火星，似乎比較合理。不過無論怎麼說，放眼未來總是好事。

漫遊車已經展開火星表面的探索與繪圖工作。航太總署的「好奇號」漫遊車自二〇一二年抵達以來已經走了約三十公里。「毅力號」還得加緊努力，自二〇二一年佈署以來，目前正朝十五公里目標挺進。中國的「祝融號」已經加入它們的探討行列，歐洲太空總署也希望在二〇二八年派出自己的漫遊車。英國製造、根據英國DNA先驅命名的「羅莎琳・富蘭克林號」（Rosalind Franklin）漫遊車，原計劃由一枚俄國火箭於二〇二二年送上火星，但計畫因俄國入侵烏克蘭而泡湯。

第一批火星移民或許得在營造機器進駐之後，才能登陸火星。機器人太空船得擔負重型裝備起降、建造等工作，讓太空人可以攜帶更多生存必須裝備。另一艘太空船可以裝滿足以回程的燃料，在軌道、或在火星地表待命，換言之太空人不必隨身攜帶大量燃料。

最早的火星移民面對的一個問題是，火星很冷；夜間溫度會降到攝氏零下六十三度。另一個問題是，由於缺氧，我們在火星上無法呼吸。當然，就像在月球上一樣，我們也可以在火星上製造可以呼吸的空氣，不過這會限制我們，迫使我們只能生活在小規模庇護所裡，無法建立有規模的火星屯墾區。既如此，何不將火星地球化？套用馬斯克在二〇一九年一篇推文中的說法，就是「用核彈炸火星！」在火星引爆核彈可以讓火星釋出藏在土壤與極地冰帽裡的二氧化碳與其他氣體，創造一種溫室效應以暖化火星——發動一場有好處的氣候變化。但並非所有科學家都同意火星表面藏有夠多足以暖化大氣的二氧化碳，甚至有些科學家認為引爆核彈會造成核子冬天。但這是一個點子，而且如同馬斯克所說，「失敗是一種選項。」

馬斯克是樂觀派。他為自己訂下限期，要於二〇五〇年前在火星建一個一百萬人的城市。沒錯。是一百萬人。

他的計畫如下：建一千艘可以重複使用的「星艦」。在第一批移民建妥基本基礎設施後，你可以買票，搭乘星艦上火星，在火星謀一份工作。根據馬斯克白紙黑字的說法，他的目標是將這個票價限定在一棟房子的均價上。房主們很可能得把房子賣了，才買得起上火星的機票。畢竟，與你從奧布奎克（Albuquerque）移居丹佛（Denver）相形之下，一旦你選擇移民火星，重返地球的機率會小得多。馬斯克承認這一點。他說，推銷這種星艦機票的廣告詞，可以借鏡歐尼斯・沙克頓（Ernest Shackleton）在招募南極探險隊隊員時刊登的廣告。據說，沙克頓當年刊登的廣告詞如下：「探險隊徵求隊員。工資微薄，非常冷，得一連數月長時間面對一片漆黑，經常處於危險狀態，能不能安全返回存疑。一旦成功，你會得到榮譽與認可。」

馬斯克說，他有百分之七十的機率，能在有生之年搭火箭登上他設想的、自力更生的火星城。這話令人難以置信，但榮耀歸於馬斯克：儘管有許多缺失，但他敢做夢，曾說，「人不能只是為了解決問題而活。總得有一些鼓舞你，讓你心嚮往之的事。」馬斯克還有一句名言：「我願意死在火星。只是不要因為墜機撞擊而死就好。」

馬斯克與火星移民會需要一種旅途中保健之道。失重狀況會在漫漫火星旅途中造成無數健康議題。就短期而言有所謂「太空症」，症候包括嘔吐、暈眩、定向障礙、甚至還有幻覺。這類症狀一般能在幾天後消逝。但如果長期處於零重力狀況下，每過一星期都能使問題更嚴重。

液體佔人體體重約百分之六十，由於重力，容易累積在我們人體下半部。人類直立行走了幾十萬年，人體經過不斷進化，也因此有了當我們站立時，有足夠血液流入心臟與腦的系統。進化不會因為我們在太空停留了幾個月就停滯，所以即使在沒有重力的狀況下，我們的系統依然照常運作。結果就導致流入上半部人體的液體增加，太空人臉孔浮腫原因就在這裡。不過更大的問題是，在沒有重力的狀況下，心肌不必那麼使勁收縮，於是導致心臟衰弱。人體所有其他部位的肌肉也一樣，逐漸開始削弱。心臟虛弱意味血壓降低，而血壓降低又導致對腦部輸氧的減少——這在無論任何時候都不是好現象，特別是如果你幹的是火箭科學這一行，這狀況尤其危險。

人體骨骼在沒有承重的狀況下也會逐漸衰竭，脆弱，特別是在下脊柱與髖部承重的骨骼尤然。太空人只需在太空停留三個月，就得回地球休養三年才能長回流失的骨骼。

我們看到太空人在國際太空站上使用運動機器，原因就在這裡。換成游泳池固然很有用，只不過有些太笨拙，而且水也未必能乖乖躺在池裡。健身房比游泳池小一點，但仍會帶來許多額外負重。類似問題也會在火星出現，不過沒有那麼嚴重。火星的重力（地心引力）約為地球重力的百分之三十八。

馬斯克的太空競爭對手傑夫．貝佐斯有自己的想法。貝佐斯投入的，是他稱為「長程問題」的工作：他認為地球遲早會耗盡能源供應。如前文所述，他的解決辦法就是移民到太空裡的城市。深受普林斯頓大學物理學教授歐奈爾所著《太空之疆》（*The High Frontier*）的靈感啟發，貝佐斯主張在近地軌道建立一哩寬、輪型封閉式、不斷轉動的城市。這麼做能讓數以百萬計民眾生活在城市裡，用其他結構進行重工業，從而緩解地球人口與汙染的壓力。貝佐斯承認，從科技需求角度而言，即使是最樂觀的評估，實現這種太空城之夢也是幾十年以後的事，但表示他的公司「藍色起源」現在就會開始打造相關基礎設施。太空探索公司「藍色起源」說，正著手計畫，在二〇二〇年代後半建一座面積八百五十立方公尺、可以容納十個人的太空站。

貝佐斯的太空城得不斷旋轉，產生人造重力，以對抗長期居留低或無重力環境下造成的種種健康風險。舉例說，婦女能不能在太空正常受孕是一大疑問，也因此火星一號在申請破產前，建議它的潛在移民客戶，不要想在抵達火星後懷孕。所以建在太空的城市必須不斷旋轉，我們所以在《二〇〇一：太空漫遊》（*The Martian and 2001: A Space Odyssey*）等等影片中看到這類城市結構，就是這個道理。

但不能轉得太快！轉太快會造成對內耳液體的衝擊，引起噁心與定向障礙。也就是說，它必須不疾不徐，保持一到二次的每分鐘轉速，而想做到這一點，這類太空結構必須至少長達一公里。中國與美國航太總署都在進行相關可行性研究，並非事出偶然。中、美雙方都知道，他們可能還得花幾十年工夫才能完成類似結構——畢竟國際太空站的建造也花了十年——但他們已經鎖定目標了。

最近的發展，例如不用火箭燃料與引擎，回到揚帆時代，或許對他們有所幫助。幾近四百年前，德國天文學家約翰尼斯．克卜勒（Johannes Kepler）寫道，「為天堂般微風而造的船或帆，有些能駛入偉大蒼空。」二〇〇四年，「日本宇宙航空研究開發機構」（Japan Aerospace Exploration Agency，JAXA）將兩艘大型太陽能帆船送上太空。

這是一項太空時代的摺紙藝術。日本宇航研發機構將層層疊疊的太陽能板裝在一枚小型火箭裡，在九州島「內之浦」太空中心發射升空。之後，它打開兩張帆，其中一張帆呈苜蓿葉形，寬十公尺，另一張帆呈折扇形，兩張帆的厚度都比一張紙還要薄十倍。日本人證明可以將超輕薄的大型結構折疊，然後毫髮無損地將它張開。幾個國家現正研發用抗熱反光材質製造更大、更薄的太陽能板，推動太空船以驚人高速航行在無垠空際。

我們知道陽光能夠放出移動物體的能；光粒子（photons）在撞擊船帆時能將帆推前。不斷的陽光等於不斷的推力，等於不斷加速，最後導致比傳統火箭還快五倍的高速。航太總署科學家將這比喻為「龜兔賽跑」。一枚火箭與一艘太空帆船同時升空，火箭會一飛衝天，遙遙領先。但太空帆船會逐漸加速到時速超過一億公里，而直到目前為止，飛得最快的火箭飛行器「帕克太陽探測船」（Parker Solar Probe），時速也只有接近七十萬公里而已。換句話說，火箭飛行速度只能達到光速百分之零點零六四，而太空帆船可以達到百分之十。

這樣的速度會是一種什麼概念？如果你搭乘太空帆船從倫敦飛往莫斯科，只需不到一分鐘，飛到月球也能在一小時內搞定。有關太空帆船的研發工作已經在進行中。

就理論來說，人類終有一天會利用這種科技進行跨太陽系的探索之旅。但有鑒於它涉及的困難，有人問道：何不乾脆就像過去一樣，用機器人進行探索就好？提出這個問題的人包括著名天文物理學家唐納．高史密斯（Donald Goldsmith）與馬丁．黎斯（Martin Rees）。高史密斯與黎斯在二〇二〇年發表一篇文章，名為「我們真的需要送人上太空嗎？」兩人還寫了一個副題，為這個問題總結作答：「自動化太空船成本低得多；它們的能力與年俱增；而且就算失敗也沒有人會送命。」

說得好。高史密斯與黎斯指出，人類自第一次登月以來，已經用自動化機器對太陽系進行好幾百次探索，遍訪太陽系各行星，而且國際太空站上大多數的科研實驗工作都可以由機器代勞。兩人承認人類男女在太空的英勇事蹟與成就確能振奮人心，讓人感動，兩人並不反對搜尋適合人住的外星，但談到安全與實用，兩人相信機器人也可以完成這些工作。

他們以政府花在載人太空旅行的預算，與民營公司的太空項目經費相比，極具說服力。我的看法是，基於幾個理由，政府與民營企業都應該花錢送人上太空。或許有一天我們不得不從地球出走，另覓庇護所，但毫無疑問，我們已經需要更多資源提高在這裡的生活標準了。就算我們還搞不清太空探索能為我們帶來什麼科學、醫藥與技術新知，但我們會不斷精進，現在不是我們停下腳步的時機。

沒錯，機器人可以、也會幫我們做許多工作，但它們不能告訴我們置身太空的感覺，不能告訴我們遠離地球故鄉會為我們帶來什麼心理狀態。沒了人的因素，沒了馬可波羅、伊本・巴圖塔（Ibn Battuta，譯按：中世紀偉大旅行家）、鄭和、哥倫布、阿蒙森（Amundsen，南極探險家）、加加林、阿姆斯壯等人的衣鉢傳承，想說服人們、要人們相信我們的未來繫於太空，要人們相信「前人種樹、後人乘涼」的古訓只會更加困難。人類歷史的一切種種告訴我們，來自未知的召喚令人無法抗拒。如同美國太空人尤金・瑟南（Gene Cernan）所說，「好奇是人類存在的本質」，深入探討未知世界是無可避免的必然。

我們會邁向遙遠的未來，充滿光怪陸離、奇幻異事的未來。太空帆這類科技或許聽起來彷彿科幻小說情節，但電視與月球漫步不也曾讓人匪夷所思？除了太空帆以外，目前還有一些屬於科幻小說情節、但仍然值得理論上探討的可能性。

或許就科學角度而言，最有可能實現的一種構想是「太空電梯」。我們在第二章談到的俄國朋友康士坦丁·齊奧柯夫斯基，在一八九五年首次提出太空電梯概念。根據他的構想，人類可以建一座塔，從地球表面一直建到與地球同步運轉的同步軌道。之後你可以搭電梯把東西送上太空。就這麼簡單。在二十一世紀，太空電梯這個理論經證實可行。問題只在於你得找到建造這種電梯的材料，意願，還有經費罷了。即使到今天，我們還是沒能發明能夠支撐一座三萬五千公里高塔的材質，但這個事實不能讓齊奧柯夫斯基知難而退。早在第一架飛機升空以前，這位有遠見的天才已經在思考登上太空的事。

現代相關理論有的主張從地表往上構築太空電梯；有的主張以月球為根據地，經由拉格朗日點朝地球垂下一條電纜；或掠過地球，打造一條從拉格朗日點到月球的電纜。頭兩個主張的好處在於，酬載可以送入太空，無須使用大型火箭，從而大幅減少太空旅行成本。根據你看到的報導不同，製作這種太空電梯的作法也不同。有人主張使用一公尺厚的鋼纜，也有人主張使用「柴隆」（Zylon）這類碳纖聚合物。換成是我，會使用「蜘蛛絲」或人類熟知的另一種強大非常的材質——口香糖。無論使用什麼作法，太空電梯一旦問世，而且它有可能真的問世，如何鞏固地表、月表、或拉格朗日點「栓鏈區」的安全，將成為未來國家安全機構的一項主要任務。

此外，談到太空船，不能不提「曲速引擎四點五」（Warp Factor 4.5），無數熱心網站主人會不厭其煩地告訴你，所謂「曲速引擎四點五」指的是《星艦迷航》中星艦「企業號」的一般巡航速度。但所謂「曲速引擎」的概念有個問題，那就是愛因斯坦的「相對論」，以及任何事物的移動速度不可能快過光速。「曲速引擎一」指的是光速，「曲速引擎七」的速度高達光速三百四十三倍，這樣快得離譜的速度想來會讓愛因斯坦非常惱火。

所幸，理論物理學家沒有因為不敢觸怒這位二十世紀最偉大的科學家而縮手。他們提出的理論是，「企業號」並沒有以超越光速的速度飛行；事實上，企業號停在一個壓縮「扭曲」了的時空泡泡裡，而這個泡泡以超越光速的速度飛行。當泡泡來到「企業號」屬意的地點時，艦上官兵突然殺出，把「克林貢人」（Klingon，《星艦迷航》中虛構的好戰外星人）打個措手不及。百米賽跑選手可以用這種科技大發利市。將眼前百米長的跑道壓縮成十米，你能輕鬆擊敗對手，先跑到終點。

我們可以出發了。只不過，事情似乎比想像中略加複雜，而且涉及使用大量「反物質」（anti-matter）。反物質與普通物質並無不同，只除了它有相反的電荷。「電子」（electron）是普通物質，帶負電荷。它在這些物質中的夥伴是「陽電子」（positron），帶正電荷。

反物質在撞擊普通物質時會引起爆炸，從爆炸中心釋出以光速行進的純輻射。不幸的是，反物質並不多見。但還好，我們可以自製。以「歐洲核子研究中心」（CERN）為例，就擁有高能粒子撞擊機（原子撞擊機），能製造反物質。不幸的是，歐洲核子研究中心每年只能生產一到二「皮克」（picogram）這種東西。一皮克等於一萬億分之一克。一皮克反物質可以讓一個一百瓦的燈泡量大約三秒鐘。有鑒於星際旅行得用上好幾噸這樣的東西，套一句科學術語來說，就是「不很多」。好在上火星可能只需百萬分之一克，而航太總署相信只需再幾十年就能達標。

當然，時光旅行也是絕對少不了的夢。理論上說，所謂時光旅行就是，你可以在你還沒啟程以前，已經抵達要去的地方，因為，畢竟，如愛因斯坦所說，時間流逝的速度並非每個地方都一樣。舉例說，由於衛星與地球表面的距離比你與地表的距離遠，GPS衛星上的鐘比地球上的鐘快三十八微秒——若不是這樣，你的衛星導航上的時間與位置資訊都將消失。引力能拉扯行星這類大型物體，但也能拉扯時間。我們可以用一個標準比喻，解釋這項事實如何使時光旅行成為可能：兩個人分別握住一張疊成對折的床單兩邊，讓上下兩層床單中間留空。將一個保齡球放在上半層床單上，保齡球會滾向中間，造成床單凹陷彎曲。現在想像下半層床單下方也有一個保齡球往上衝，造成下半層床單凸起。就理論而言，如果來自兩方面的這兩股力道夠強，兩個保齡球就能聚在一起。根據這個理論，在太空中，質量的壓力能造成一種「蟲洞」（wormhole），結合兩個個別時間，在兩者之間形成一條通道。

這夠神奇了吧？最後讓我們談談「電子傳輸」（teleportation）。一九九八年，「加州理工學院」一些非常、非常聰明的人掃描一個光子（photon，一種帶光的能源微粒）的結構，然後透過一條一公尺長的同軸電纜傳輸資訊，複製這個光子。他們也證明了原始光子因掃描而被毀的理論。這是因為掃描對原始光子造成巨大破壞，讓它消失，只有它的複製本還存在於傳輸所及的位置。這基本上意味，如果有一天我們擁有能夠「電子傳輸」人體的科技，每一次使用這種科技，我們都會殺了原來那個人，但在另一地方複製他們。一而再，再而三。

專精量子科學的物理學家已經在加州理工學院這項突破的基礎上有了更多進展，中國的研究人員還將一個光子「電子傳輸」了九十七公里。但複製人體數不清的原子、再將相關資訊傳輸到另一星球，似乎還有些過於遙遠。研究顯示，就算我們能夠將人「電傳」，要辦到這一點得耗用全英國一百萬年的供電能力；在能源價格飛帳的今天，誰又會動發展這種科技的念頭？不過將量子「數據包」及時傳輸幾千公里已經不是幻想。中國已經將這類資訊送到它在太空的衛星。這種作法的一大好處是，可以建立一種極度難「駭」的立即通信系統；而且關鍵是就算真的被「駭」，傳輸資訊的一方也能立即察覺，因為對量子世界任何事物進行的「觀測」都會導致它的變化。

這顯示，一些看起來似乎不可能的事開始成為現實了。我們可以繼續探索。數以百萬計各式各樣生命存在其他星球的機率有多少？經證實，無數位於太陽系外的「系外行星」可能擁有能夠維繫生命的環境。在談到我們現有的宇宙觀測能力時，天文物理學家尼爾・迪格拉・泰森（Neil deGrasse Tyson）說，「主張宇宙中沒有其他生命的說法，就像用杯子盛一杯水，看著杯子，然後說海洋裡沒有鯨魚一樣。」

我們可以每天想像太空可能出現的奇景，可能隱藏的未知，可以沉醉在太空之旅各種千奇百怪的樂子中。但在面對所有這些夢想與理論的同時，我們首先必須處理已經迫在眼前的挑戰：武器競賽、土地與資源的角逐、漫無章法、以及隨這個新領域而至的其他許多負面事物。

巨型投資管理公司「摩根史丹利」（Morgan Stanley）的太空團隊指出，科技進步可能引發轉型效應。這個團隊以一八五四年安全電梯的第一次示範為例。當時沒有人能料到這種電梯對城市設計造成的衝擊。但在不到二十年間，紐約每一棟多層建築都開始圍繞一個中央電梯井建造，建物也開始越建越高。據信，在太空產業，可重複使用火箭的研發可能是一個類似轉型點。在SpaceX推出可重複使用的火箭，以及其他類似科技問世以後，進軍太空的成本開始降低，投資太空的腳步也會加速。根據摩根士丹利評估，太空產業營收將從目前的四千億美元增加到二〇四〇年的超過一萬億美元。

這類新科技有助於人類達成地球「淨零」（Net Zero）排放的目標。就技術而言，在太空佈署太陽能板「電場」已經可行。這種電場可以從太陽汲取足夠的能發回地球，滿足世人一切電力需求。在太空設立工廠有一天會成為事實，而且如前文所述，在月球與小行星開採稀土與其他資源已經是我們可以辦到的事。

以有記錄的人類史為鑒，要我們認清我們同為人類之實，在太空攜手合作，汲取太空豐富的資源然後均分共享，似乎不大可能，但就算國家與國家集團爭得面紅耳赤，人類共同利益依然存在。我們或許會將現有主權概念搬進太空，認為國家享有對相互認可地域的管轄權，但作為人類，我們得完成作為人類的命運，我們要進入太空，不能因這種主權之爭而裹足不前。

史蒂芬・霍金（譯按：研究黑洞與宇宙的著名科學家）有一句發人深省的最後（差不多最後）遺言：「或許移居外星是我們自我拯救的唯一法門。我深信人類需要離開地球。」祝旅途愉快。

後記

「過去只是開端的開端，而所有已經存在與曾經發生的，不過是黎明曙光前的幽微暮色。」

——赫伯・喬治・威爾斯（H. G. Wells）

我們始終有一種靜不下來的意識；它似乎根植於我們的基因組合裡。我們想看看山頂上有些什麼。我們渴望揚帆出海。在遊遍這個世界的天涯海角之後，一旦有機會進一步探討更遠的世界，我們當然不會放過。

我們曾經用走路得花多少時間量度兩個地點間的距離，之後我們一步步改用騎乘動物、用開車、用飛機飛行需用時間做為衡量標準。現在我們更加進入一種不同的數學層面，用光速、用「零」多到一般計算機算不出來的高速進行估算。有人說，科技讓地理失去意義，但在太空，科技做的不過是改變方程式罷了。不過，或許，宇宙之大能讓人類不再像過去那樣斤斤計較於權力鬥爭與角逐了。卡爾・沙根（Carl Sagan，譯按：美國著名天文學家）曾說，「如果有個人不同意你的看法，讓他去吧。就算在擁有一千億個銀河的宇宙中，你也不會再找到另一個這樣的人了。」他說的或許沒錯。

可以確定的是，我們會繼續從地球出發、深入探討宇宙。有一天我們會生活在火星上，足跡還會超越火星。那需要時間，不過我們會找到需用的科技加速手段，為我們帶來我們迄今無法想像的改變。如亞瑟．克拉克（Arthur C. Clarke，譯按：英國科幻小說作家）所說，「它們遠非今天的我們所能想像，就像一條魚無法想像什麼是火或電一樣。」但我們不會因此裹足不前——千百年來，一代又一代世人不斷打造他們知道自己有生之年無法完成的雄偉、龐大的紀念碑。他們留下遺言說，「這是我們在世時做的。做這些既是為了我們，也為了你們。」

「史普尼克」、「阿波羅」、「聯盟」、國際太空站與現在的「阿蒂米絲」與「獵戶座」太空船都是偉大的紀念碑。未來幾代世人會回首看著它們，知道若是沒了它們，沒了畢達哥拉斯、牛頓、齊奧柯夫斯基、加加林與阿姆斯壯，他們不會有今天。

或許到那一天，我們的子孫能跨越一百三十億年時空，一窺宇宙之始的奧秘，發現……混沌之初其實並非一場空。一切可以想像與無法想像的奇幻美景都在那裡，都在我們眼前，等著人類探討。

致謝

感謝艾夫雷・道爾曼（Everett Dolman）教授、布雷丁・鮑文（Bleddyn Bowen）博士、桑吉沙・阿布杜・喬西（Sangeetha Abdu Jyothi）、阿德曼動畫（Aardman Animations）、空軍中將保羅・高夫雷（Paul Godfrey）、約翰・畢尤（John Bew）教授與英國國家太空中心（UK National Space Centre），以及外交與情報圈那些不吝捐出他們的時間與知識、卻寧願匿名的人士，感謝你們。

而且，就像過去一樣，我得感謝艾利歐與湯普森（Elliott & Thompson）出版社的整個團隊：感謝羅恩・佛西斯（Lorne Forsyth）讓我暢所欲言，感謝珍妮・康戴爾（Jennie Condell）與皮帕・克蘭（Pippa Crane）幫我順稿整理，還要謝謝愛美・葛里夫斯（Amy Greaves）與瑪麗安妮・索恩達（Marianne Thorndahl）。

參考文獻

'African space strategy: Towards social, political and economic integration', African Union Commission, 7 October 2019; https://au.int/sites/default/files/documents/ 37434-doc-au_space_strategy_isbn-electronic.pdf

Ancient Origins, www.ancient-origins.net

'Apollo 11 Astronauts Return from the Moon, 24 July 1969', Richard Nixon Foundation; https://www.nixonfoundation.org/2011/07/7-24-1969-apollo-11-astronauts-return-from-the-moon/

The Artemis Accords, NASA, 13 October 2020; https://www.nasa.gov/specials/artemis-accords/img/Artemis-Accords-signed-13Oct2020.pdf

Bowen,BleddynE.*OriginalSin*(London:HurstPublishers,2022)

Bowen, Bleddyn, E. 'Space is not a high ground', SpaceWatch.Global, April 2020; https://spacewatch.global/2020/04/spacewatch-column-april/

Brunner, Karl-Heinz, 'Space and security – NATO's role', Science and Technology Committee, NATO Parliamentary Assembly, 10 October 2021; https://www. nato-pa.int/download-file?filename=/sites/default/files/2021-12/025%20STC%2021%20E%20rev.%202%20fin%20-%20SPACE%20AND%20SECURITY%20-%20BRUNNER.pdf

Brzeski, Patrick, '*Wandering Earth* director Frank Gwo on making China's first sci-fi blockbuster', Hollywood Reporter, 20 February 2019; https://www.hollywood reporter.com/movies/movie-news/wandering-earth-director-making-chinas-first-sci-fi-blockbuster-1187681/

Brzezinsk,Matthew,*RedMoonRising:SputnikandtheRivalriesthatIgnitedthe Space Age* (London: Bloomsbury,2007)

Central Committee Presidium Decree, 'On the creation of an artificial satellite of the Earth', 8 August 1955, Wilson Center Digital Archive; https://digitalarchive. wilsoncenter.org/document/cpsu-central-committee-presidium-decree-creation- artificial-satellite-earth

Chief of Space Operations Planning Guidance 2020, Space Force; https://media. defense.gov/2020/Nov/09/2002531998/-1/-1/0/CSO%20PLANNING%20 GUIDANCE.PDF

China National Space Administration; http://www.cnsa.gov.cn/english/

'China's film authority hails *The Wandering Earth*', *Global Times*, 21 February 2019; http://en.people.cn/business/n3/2019/0222/c90778-9548796.html

'China's Space Program: A 2021 Perspective', The State Council Information Office of the People's Republic of China, January 2022; https://english.www.gov.cn/ archive/whitepaper/202201/28/content_WS61f35b3dc6d09c94e48a467a.html

Chow, Brian G., 'Stalkers in space: Defeating the threat', *Strategic Studies Quarterly*, vol. 11, no. 2 (2017); https://www.airuniversity.af.edu/Portals/10/SSQ/documents/Volume-11_Issue-2/Chow.pdf

David, Leonard, 'Is war in space inevitable?', Space.com, 11 May 2021; https://www. space.com/is-space-war-inevitable-anti-satellite-technoloy

Doboš, B. 'Geopolitics of the Moon: A European perspective', *Astropolitics*, vol. 13, no. 1 (2015), pp. 78–87;www.doi.org/10.1080/14777622.2015.1012005

Defence Space Strategy, Royal Australian Airforce; https://www.airforce.gov.au/our-work/strategy/defence-space-strategy

'Defence Space: Through adversity to the stars?', House of Commons Defence Committee, Third Report of Session 2022–23, 19 October 2022; https://committees.parliament.uk/publications/30320/documents/175331/default/

Dolman, E. 'Geostrategy in the space age: An astropolitical analysis', *Journal of Strategic Studies*, vol. 22, nos 2–3 (1999), pp. 83–106

Foust, Jeff, 'Defanging the Wolf Amendment', The Space Review, 3 June 2019; https://www.thespacereview.com/article/3725/1

Gillett, Stephen L, 'L5 news: The value of the moon', National Space Society, August 1983; https://space.nss.org/l5-news-the-value-of-the-moon/

Goh, Deyana, 'The life of Qian Xuesen, father of China's space programme', Space Tech Asia, 23 August 2017; https://www.spacetechasia.com/qian-xuesen-father-of-the-chinese-space-programme/

Goldsmith, Donald and Rees, Martin, 'Do We Really Need to Send Humans into Space?', *Scientific American*, 6 March 2020; https://blogs.scientificamerican. com/observations/do-we-really-need-to-send-humans-into-space/

Goldsmith, Donald and Rees, Martin, *The End of Astronauts: Why Robots Are the Future of Exploration* (Cambridge, MA: Belknap Press 2022)

Grid Assurance; https://gridassurance.com

Gwertzman, Bernard, 'US officials deny pressure on Paris to go into Chad', *New York Times,* 18 August 1983; https://www.nytimes.com/1983/08/18/world/us-officials-deny-pressure-on-paris-to-go-into-chad.html

Hayden, Brian and Villeneuve, Suzanne 'Astronomy in the Upper Palaeolithic?', *Cambridge Archaeological Journal,* vol. 21, no. 3 (2011), pp. 331–55; www.doi. org/10.1017/S0959774311000400

Haynes, Korey, 'When the lights first turned on in the universe', Astronomy.com, 23October2018;www.astronomy.com/news/2018/10/when-the-lights-first-turned-on-in-the-universe

Hendrickx, B., 'Kalina: A Russian ground-based laser to dazzle imaging satellites',*The Space Review,* 5 July 2022; https://www.thespacereview.com/article/4416/1Hilborne, Mark, 'China's space programme: A rising star, a rising challenge', China in the World, Lau China Institute Policy Series 2020; https://www.kcl.ac.uk/lci/assets/kssppl cipolicyno.2-final.pdf

Horvath, Tyler, Hayne, Paul O., Paige, David A., 'Thermal and illumination environments of lunar pits and caves: Models and observations from the diviner lunar radiometer experiment', *Geophysical Research Letters,* vol. 49, no. 14 (2022);https://doi.org/10.1029/2022GL099710

'International Space Station legal framework', The European Space Agency; https://www.esa.int/Science_Exploration/Human_and_Robotic_Exploration/ International_Space_Station/International_Space_Station_legal_framework

'Jodrell Bank Lovell Telescope records Luna 15 crash', YouTube; www.youtube.com/watch?v=MJthrJ5xpxk

'Joined by Allies and Partners, the United States imposes devastating costs on Russia', White House fact sheet, 24 February 2022; https://www.whitehouse. gov/briefing-room/statements-releases/2022/02/24/fact-sheet-joined-by-allies- and-partners-the-united-states-imposes-devastating-costs-on-russia/

Joint Statement Between CNSA And ROSCOSMOS Regarding Cooperation for theConstructionoftheInternationalLunarResearchStation,29April2021; http://www.cnsa.gov.cn/english/n6465652/n6465653/c6811967/content.htmlKaku, Michio, *The Future of Humanity: Terraforming Mars, Interstellar Travel, Immortality, and Our Destiny Beyond* (London: Penguin Random House, 2019)

Kameswara Rao, N., 'Aspects of prehistoric astronomy in India', *Bull. Astr. Soc. India,* vol. 33 (2005), pp. 499–511; https://www.astron-soc.in/bulletin/05December/3305499-511.pdf

Khan, Z. and Khan, A., 'Chinese capabilities as a global space power', *Astropolitics,* vol. 13, no. 2 (2015), pp. 185–204; www.doi.org/10.1080/14777622.2015.

1084168

Korenevskiy, N., 'The role of space weapons in a future war,' Central Intelligence Agency, 7 September 1962; https://www.cia.gov/library/readingroom/document/cia-rdp33-02415a000500190011-3

Letter from President Kennedy to Chairman Khrushchev, 21 June 1961, Foreign Relations of the United States, 1961–1963, volume VI, Kennedy-Khrushchev Exchanges; https://history.state.gov/historicaldocuments/frus1961-63v06/d17

Li, C., Wang, C., Wei, Y., Lin, Y., 'China's present and future lunar exploration program',*Science*,vol.365,no.6450(2019),pp.238–9;www.doi.org/10.1126/science.aax9908

Maltsev, V.V.,Kurbatov, D. V.,'International legal regulation of military space activity',*MilitaryThought:ARussianJournalofMilitaryTheoryandStrategy*, vol. 15, no. 1(2006)

'Mars & Beyond', SpaceX; www.spacex.com/human-spaceflight/mars/

Massimino,Mike,*Spaceman:AnAstronaut'sUnlikelyJourneytoUnlocktheSecretsof the Universe* (London: Simon & Schuster,2017)

Memorandum of Understanding between the National Aeronautic and Space Administration and the United States Space Force, 2020; https://www.nasa.gov/ sites/default/files/atoms/files/nasa_ussf_mou_21_sep_20.pdf

'Military lunar base program, volume 1', US Air Force Ballistic Missile Division, 1960; https://nsarchive2.gwu.edu/NSAEBB/NSAEBB479/docs/EBB-Moon03.pdf

'Military uses of space', Parliamentary Office of Science and Technology, December 2006; https://researchbriefings.files.parliament.uk/documents/POST-PN-273/ POST-PN-273.pdf

Ministerial Statement to the Parliament of Australia by Minister for Defence Mr Stephen Smith, 26 June 2013, Hansard P7071; https://parlinfo.aph.gov.au/ parlInfo/search/display/display.w3p;query=Id%3A%22chamber%2F hansardr%2F4d60a662-a538-4e48-b2d8-9a97b8276c77%2F0016%22

Mosteshar, Sa'id, 'Space law and weapons in space', *Oxford Research Encyclopedia of Planetary Science*, (2019); https://doi.org/10.1093/acrefore/9780190647926.013.74

National Tracking Poll #210264, February 12–15, 2021, Morning Consult; https:// assets.morningconsult.com/wp-uploads/2021/02/24152659/210264_crosstabs_MC_TECH_SPACE_Adults_v1_AUTO.pdf

The North Atlantic Treaty, 4 April 1949; https://www.nato.int/cps/en/natolive/official_texts_17120.htm

NPP Advent, presentation on a mobile laser system to shoot down drones, https:// ppt-online.org/928735

Oberg, James E., 'Yes, there was a Moon race', *Air& Space Forces Magazine*, 1 April 1990; https://www.airandspaceforces.com/article/0490moon/

'On the state and development of the space industry and the desire to fly into space', Public Opinion Foundation (FOM) Russia; https://fom.ru/Budushchee/14192

Oughton, Edward J., Skelton, Andrew, Horne, Richard B., Thomson, Alan W.P., Gaunt, Charles T., 'Quantifying the daily economic impact of extreme space weather due to failure in electricity transmission infrastructure', *Space Weather*, vol. 15, no. 1 (2017), pp. 65–83; www.doi.org/10.1002/2016SW001491

President John F. Kennedy's Inaugural Address (1961); www.archives.gov/milestone-documents/president-john-f-kennedys-inaugural-address

'Reaction to the Soviet satellite', memo to White House staff, 15 October 1957; https://www.eisenhowerlibrary.gov/sites/default/files/research/online-documents/sputnik/reaction.pdf

Reesman, Rebecca and Wilson, James, 'Physics of War in Space: How Orbital Dynamics Constrain Space-to-Space Engagements', The Center for Space Policy and Strategy, Aerospace, 16 October 2020; https://csps.aerospace.org/sites/ default/files/2021-08/Reesman_PhysicsWarSpace_20201001.pdf

Sagan, Carl, *Cosmos* (London: Random House, 1980)

Sagan, Carl, *Billions and Billions* (London: Random House, 1997)

Salas, Erick Burgueño, 'Government expenditure on space programs in 2020 and 2022, by major country', Statista; https://www.statista.com/statistics/745717/ global-governmental-spending-on-space-programs-leading-countries/

Sankaran, Jaganath, 'Russia's Anti-Satellite Weapons: An Asymmetric Response to U.S. Aerospace Superiority', Arms Control Association, March 2022; https://www.armscontrol.org/act/2022-03/features/russias-anti-satellite-weapons-asymmetric-response-us-aerospace-superiority

'Satellite-derived time and position: A study of critical dependencies', Government Office for Science, 30 January 2018; https://assets.publishing.service.gov.uk/ government/uploads/system/uploads/attachment_data/file/676675/satellite- derived-time-and-position-blackett-review.pdf

SBSS (Space-based Surveillance System), eoPortal; https://www.eoportal.org/ satellite-missions/sbss#sbss-space-based-surveillance-system

Silverstein, Benjamin and Panda, Ankit, 'Space is a great commons. It's time to treat it as such.', Carnegie Endowment for International Peace, 9 March

2021; https://carnegieendowment.org/2021/03/09/space-is-great-commons.-it-s-time- to-treat-it-as-such-pub-84018
South African Astronomical Observatory, www.saao.ac.za
The Space Café Podcast, SpacewatchGlobal; https://spacewatch.global/space-cafe- podcast-archive/
'Space: Investing in the Final Frontier', Morgan Stanley Research, 24 July 2020; https://www.morganstanley.com/ideas/investing-in-space
'Sputnik: The beep heard round the world, the birth of the Space Age', NASA [podcast]; https://www.nasa.gov/multimedia/podcasting/jpl-sputnik-20071002. html
'Tactical lasers', GlobalSecuruty.org; https://www.globalsecurity.org/military/world/russia/lasers.htm
'Treaty for Prevention of the Placement of Weapons in Outer Space and of the Threat or Use of Force against Outer Space Objects', draft texts submitted by the Russian Federation and the People's Republic of China, 12 February 2008; https://digitallibrary.un.org/record/633470?ln=en
'Treaty on principles governing the activities of states in the exploration and use of outer space, including the Moon and other celestial bodies', United Nations Office for Outer Space Affairs, 19 December 1966; https://www.unoosa.org/ oosa/en/ourwork/spacelaw/treaties/outerspacetreaty.html
United States Space Priorities Framework, December 2021; https://www. whitehouse.gov/wp-content/uploads/2021/12/United-States-Space-Priorities-Framework-_-December-1-2021.pdf
'USAID safeguards internet access in Ukraine through public-private-partnership with SpaceX', United States Agency for International Development (USAID) Press Release, 5 April 2022; https://www.usaid.gov/news-information/press-releases/apr-05-2022-usaid-safeguards-internet-access-ukraine-through- public-private-partnership-spacex
Vidal, Florian, 'Russia's space policy: The path of decline?', French Institute of International Relations (2021); https://www.ifri.org/sites/default/files/atoms/files/vidal_russia_space_policy_2021_.pdf
Whitehouse, David, *Space 2069* (London: Icon Books, 2021)
Wilford, John Noble, 'Russians finally admit they lost the race to the Moon', *New York Times*, 18 December 1989; https://www.nytimes.com/1989/12/18/us/russians-finally-admit-they-lost-race-to-moon.html
Weeden, Brian, '2007 Chinese anti-satellite test factsheet', Secure World Foundation; https://swfound.org/media/9550/chinese_asat_fact_sheet_updated_2012.pdf

Zhao, Yun, 'Space commercialization and the development of space law', *Oxford Research Encyclopedia of Planetary Science,* (2018); https://doi.org/10.1093/ acrefore/9780190647926.013.42

國家圖書館出版品預行編目(CIP)資料

地理的未來：太空如何成為地緣政治的新戰場/提姆.馬歇爾(Tim Marshall)作；林瑞譯. -- 初版. -- 新北市：遠足文化事業股份有限公司, 2025.07
面； 公分. -- (遠足新書；20)
譯自：Future of geography : how power and politics in space will change our world
ISBN 978-986-508-379-3(平裝)
1.CST: 太空戰略 2.CST: 太空科學 3.CST: 地緣政治 4.CST: 國際關係 5.CST: Outer space-Strategic aspects. 6.CST: Outer space-Civilian use.

592.4 114008728

黑體文化　　讀者回函

遠足新書 20

地理的未來：太空如何成為地緣政治的新戰場

The Future of Geography: How Power and Politics in Space Will Change Our World

作者・提姆・馬歇爾（Tim Marshall）｜譯者・林瑞｜責任編輯・龍傑娣｜特約編輯・涂育誠｜封面設計・林宜賢｜出版・遠足文化 第二編輯部｜總編輯・龍傑娣｜發行・遠足文化事業股份有限公司（讀書共和國出版集團）｜地址・23141 新北市新店區民權路 108 之 2 號 9 樓｜電話・02-2218-1417｜傳真・02-2218-8057｜客服專線・0800-221-029｜客服信箱・service@bookrep.com.tw｜官方網站・http://www.bookrep.com.tw｜法律顧問・華洋法律事務所・蘇文生律師｜印刷・中原造像股份有限公司｜排版・菩薩蠻數位文化有限公司｜初版・2025 年 7 月｜定價・420 元｜ISBN・9789865083793・9789865083779（EPUB）・9789865083786（PDF）｜書號・2WXA0083